CAD/CAM/CAE/EDA微视频讲解大系

中文版ANSYS Workbench 2024
有限元分析从入门到精通

（实战案例版）

300分钟同步微视频讲解　　26个实例案例分析

☑ 线性静力学结构分析　☑ 模态分析　☑ 谐响应分析　☑ 响应谱分析　☑ 非线性结构分析
☑ 屈曲分析　☑ 显式动力学分析　☑ 热分析　☑ 热-电分析　☑ 电磁学分析

天工在线　编著

中国水利水电出版社
www.waterpub.com.cn

·北京·

内 容 提 要

  《中文版 ANSYS Workbench 2024 有限元分析从入门到精通（实战案例版）》是一本 ANSYS Workbench 视频+案例教程，也是一本 ANSYS Workbench 有限元分析的完全自学教程。本书以 ANSYS Workbench 2024 R1 版本为基础，对 ANSYS Workbench 有限元分析的基本思路、操作步骤和应用技巧进行了详细介绍，并结合典型工程实例详细讲解了 ANSYS Workbench 的具体工程应用。

  本书前 7 章为操作基础，详细介绍了 ANSYS Workbench 2024 R1 基础、DesignModeler 概述、草图模式、三维实体建模、三维概念建模、Mechanical 应用程序和网格划分等知识；后 10 章为有限元分析专题，讲解了各种有限元分析的专题知识与实例应用，具体包括线性静力学结构分析、模态分析、谐响应分析、响应谱分析、非线性结构分析、屈曲分析、显式动力学分析、热分析、热-电分析和电磁学分析。本书基础操作和专题实例相结合，知识掌握更容易，学习更有目的性。

  本书适用于 ANSYS 软件的初、中级用户，以及有初步使用经验的工程技术人员。它既可作为理工科院校相关专业的高年级本科生、研究生学习 ANSYS 软件应用的教材，也可作为从事结构分析相关工作的工程技术人员使用 ANSYS 软件的参考书。

图书在版编目（CIP）数据

中文版ANSYS Workbench 2024有限元分析从入门到精

通：实战案例版 / 天工在线编著. -- 北京：中国水利

水电出版社, 2024.6（2024.12 重印）.

（CAD/CAM/CAE/EDA微视频讲解大系）

ISBN 978-7-5226-2434-1

Ⅰ. ①中… Ⅱ. ①天… Ⅲ. ①有限元分析－应用软件

Ⅳ. ①O241.82-39

中国国家版本馆CIP数据核字(2024)第079030号

丛 书 名	CAD/CAM/CAE/EDA 微视频讲解大系	
书 名	中文版ANSYS Workbench 2024有限元分析从入门到精通（实战案例版） ZHONGWEN BAN ANSYS Workbench 2024 YOUXIANYUAN FENXI CONG RUMEN DAO JINGTONG	
作 者	天工在线 编著	
出版发行	中国水利水电出版社 （北京市海淀区玉渊潭南路 1 号 D 座 100038） 网址：www.waterpub.com.cn E-mail: zhiboshangshu@163.com 电话：（010）62572966-2205/2266/2201（营销中心）	
经 售	北京科水图书销售有限公司 电话：（010）68545874、63202643 全国各地新华书店和相关出版物销售网点	
排 版	北京智博尚书文化传媒有限公司	
印 刷	河北文福旺印刷有限公司	
规 格	203mm×260mm 16 开本 20 印张 533 千字 2 插页	
版 次	2024 年 6 月第 1 版 2024 年 12 月第 2 次印刷	
印 数	3001—6000 册	
定 价	99.80 元	

岩土工程热点问题解析
王长科论文选集（二）

王长科　主　编

中国建筑工业出版社

图书在版编目（CIP）数据

岩土工程热点问题解析：王长科论文选集．二／王
长科主编. —北京：中国建筑工业出版社，2021.11
ISBN 978-7-112-26679-1

Ⅰ．①岩…　Ⅱ．①王…　Ⅲ．①岩土工程-文集　Ⅳ.
①TU4-53

中国版本图书馆 CIP 数据核字（2021）第 208448 号

本书选编了王长科先生自 2018 年以来完成的若干岩土工程热点问题解析研究成果，内容涉
及岩土工程概论、工程勘察、室内试验、岩土参数、地基基础、基坑及地下工程、岩土地震工
程等，理论联系实际，概念清晰，分析论述透彻，具有较高的实践性、理论性、创新性和实用
性，对推动解决复杂岩土工程问题和促进岩土工程学科技术进步，具有重要作用。

本书可供从事工程勘察及岩土工程专业的科研和技术人员使用，也可供高等院校相关专业
师生参考。

责任编辑：杨　允
责任校对：张惠雯

岩土工程热点问题解析　王长科论文选集（二）
王长科　主编

*

中国建筑工业出版社出版、发行（北京海淀三里河路 9 号）
各地新华书店、建筑书店经销
北京科地亚盟排版公司制版
河北鹏润印刷有限公司印刷

*

开本：787 毫米×1092 毫米　1/16　印张：15½　字数：370 千字
2021 年 11 月第一版　　2021 年 11 月第一次印刷
定价：**72.00** 元
ISBN 978-7-112-26679-1
（38074）

编委会名单

主　　编：王长科

副 主 编：孙会哲　张卫良

常务编委：张春辉　段永乐

编　　委：王瑞华　黄　彬　王云龙　崔建波　郭　强

　　　　　裴志广　谢彦朝　王玉龙　李华恩　张　勇

　　　　　刘　岩　付　飞　石步星　杨　博　魏晓萌

　　　　　殷晓龙　刘　宇　于亚东　高　阳　邱　宇

　　　　　来芸芸

王长科简介

王长科，男，汉族，1964年10月出生，河北邯郸永年人，工学硕士，注册土木工程师（岩土），正高级工程师，河北省工程勘察设计大师。就职于中国兵器工业北方勘察设计研究院有限公司，兼任河北省地下空间工程岩土技术创新中心主任。

教育经历： 1980年毕业于河北永年第二中学；1984年本科毕业于河北农业大学水利系，农田水利工程专业岩土工程方向，本科毕业论文《土的非线性应力应变关系试验研究》，指导教师为骆筱菊教授，获工学学士学位；应届考取华北水利水电学院北京研究生部硕士研究生，岩土工程专业土力学方向，师从我国著名土力学家王正宏教授，硕士研究生毕业论文《对旁压试验中几个问题的分析和试验研究》，1987年硕士研究生毕业，获中国科学院水利电力部水利水电科学研究院工学硕士学位。

工作经历： 先后在河北省水利水电第二勘测设计研究院、石家庄市勘察测绘设计研究院和中国兵器工业北方勘察设计研究院有限公司从事岩土工程技术和管理工作。

社会兼职： 全国注册岩土工程师执业资格考试专家组成员，全国注册土木工程师（岩土）继续教育工作专家委员会委员，住房和城乡建设部工程勘察与测量标准化技术委员会委员，中国勘察设计协会岩土工程与工程测量分会副会长，中国土木工程学会土力学及岩土工程分会施工技术专业委员会委员，中国建筑学会工程勘察分会常务理事、地基基础分会理事，中国土工合成材料工程协会理事，河北省土木建筑学会地基基础学术委员会副主任，河北省地理信息产业协会第四届副会长，河北省BIM学会副理事长兼秘书长，河北省工程建设标准化协会副会长等。石家庄铁道大学、河北大学、河北农业大学、河北地质大学、河北科技大学、防灾科技学院、河北工业大学等高校兼职教授。

技术成绩： 完成多项兵器工业与民用工程项目，多次荣获省部级优秀勘察设计奖，结合工作和工程实践开展研究，取得如下多项成果。

在工程勘察方面，延伸了旁压试验基本理论，提出了三个塑性区理论和孔壁剪应力通解，应用上提出了用旁压仪测定地基原位水平应力及土的抗剪强度指标、弹性模量、固结系数、基床系数、地基承载力的新理论新方法；编制了快速法载荷试验最终沉降量推算程序；提出了用抗剪强度指标直接计算地基承载力特征值的新途径；在地基承载力特征值的综合确定方面进行了探索；研究了压缩模量特性，建议了沉降计算中的压缩模量计算方法；给出了石家庄地区地基承载力特征值经验表；提出了固结试验基床系数换算为地基基础设计基床系数的计算方法；分析了深井载荷试验的应力解答，建议了其变形模量计算方法；提出了粗粒土压缩模量的确定方法；探讨了非饱和土基质吸力的本质，就工程应用提出建议；对非饱和土三轴剪切试验进行分析并提出建议；研讨了勘察结论的编写要求；对岩土工程勘察抽样的代表性、最小样本容量要求和参数标准值的本质进行了探讨，提出岩土参数应进行加权统计值进行分析。

在地基基础方面，提出地基承载力设防新理念；研究了地基承载力基本理论，提出了地基第一拐点承载力理论公式；研究了散体桩、实体桩、实散组合桩、夯实水泥土桩等的临界桩长、单桩承载力和沉降计算新理论；分析研究了人工挖孔扩底桩，给出了石家庄地区经验表；研究了地基沉降计算方法，编制了地基沉降计算程序；提出了复合地基承载力深宽修正方法；提出了基础-垫层-复合地基共同作用原理；给出了复合地基褥垫层厚度设计计算公式；提出了湿陷性黄土挤密桩设计新思路；建议了复合地基变形计算深度确定方法；建议了复合地基复合土层压缩模量的确定方法；提出了复合地基承载力设计新思维，给出了复合地基载荷沉降曲线的推演方法；给出了桩竖向静载荷沉降曲线的推演方法；猜想了既有地基承载力的增长原理并提出计算建议；对赵州桥进行工程分析，得出有益启示；提出了 Mindlin 解答的工程应用注意事项。

在基坑及地下空间工程方面，研究土钉支护技术，改进了土压力分布模型、滑裂面模型，提出了"石家庄土钉法"、基坑边坡临界坡角计算公式、基坑边坡直立高度计算公式；提出了护坡桩抗剪承载力的公式；开发并编制了基坑支护桩的横向受力变形反分析方法计算软件；给出了基坑 m 值的室内试验测定方法；提出了基坑外侧为有限空间情况的土压力计算方法；针对坡顶复合地基超载的土压力计算提出建议；提出了基坑支护设计新思维；给出了支护桩（墙）弹性法挠度曲线方程的通用表达式。

在岩土地震工程方面，分析并提出了液化判别深度、场地类别划分深度的建议。

在软件应用方面，编制了多个岩土工程专业计算机软件和手机版软件。

在嫦娥三号登月研究中，成功研制出第一代低重力模拟月壤，为我国登月事业做出贡献。

自 序

——在工程中做学问

1. 广府老城记忆

1964年，我出生在河北邯郸永年县的一个平原村庄（现已划归邯郸市），广府城南。

牛堡中小学部分同学合影
（前排左一为作者）

按照我家的家谱记载，祖先于明朝永乐二年（公历1404年）从山西平阳府迁来。祖上一直务农，生活朴素，对文化知识十分敬重。我的童年是在村里度过的，在村里的学校完成了小学和初中的学习，学校老师十分优秀。老师们和乡亲们对我帮助很大。

求学时我就很喜欢数学。记得上初中时，村里要修建一个砖砌小拱桥，拱券为圆弧形，匠人们第一次做，支模放线做不好，就来找我，我很高兴也很有兴趣，很快用三角板和量角器画图计算，帮助解决了拱券的放线。另外还有一事，就是参加初中毕业物理考试，我用线绳的办法分析了复杂电路电阻的串联或并联关系，当时还没有其他人想到这个办法。现在想起来这些事还是很有意思的。

1978年我考入永年县第二中学读高中。学校位于永年广府城里，广府城在永年洼淀，滏阳河畔，有2600年历史。洼淀面积达20多平方公里，有芦苇荡、荷花，护城河碧波荡漾。广府城是杨氏、武式太极拳故里，古城保存完好，是一座古城、水城、太极城。

广府古城角楼

本文为作者自传，原载微信公众号《中国兵器北方工程》（2019-5-17）

永年二中的前身是明末的清晖书院，到了清末 1902 年，书院改为了学堂。新中国成立后，成立永年县第二中学。高中阶段的早操、上课、食堂排队、竞赛小组、晚上 10 点强制熄灯，还有登城墙、看晚霞、写作文，课间同学之间练习太极拳简易推手、打手，这一切，都给我留下了深刻印象。

广府城环境古朴、优雅安静，其实那个时候学校条件比较差，但在那里我全身心地投入了学习，打下了良好的数学、物理和化学基础，高考时物理单科成绩位居全校第一。

2. 本科学习时期

1980 年，我 16 岁，参加高考，考入河北农业大学水利系农田水利工程专业（本科）。河北农业大学位于保定市南关，前身是 1902 年成立的直隶农学堂，图书馆藏书量很大。

农业大学的水利专业不同于单纯的水利学院，学得很宽泛。记得夏亨熹老师讲授弹性力学课，很有磁性和气场，让我第一次知道了笛卡尔坐标系。夏亨熹是知名空间结构专家，在网架结构领域上有独创，听说还特别受到了英国学界的推崇。夏亨熹后来做过水利系系主任、校长，在任校长期间，推出太行山办学道路。

夏亨熹教授讲学

当时夏亨熹老师提出水利系毕业论文的几个新拓展方向有钢结构、岩土工程、建筑学。骆筱菊老师带领我们 4 个同学做岩土工程方向的毕业论文，题目是"土的非线性应力应变关系试验研究"。骆筱菊老师和蔼又严谨，对土的工程性质研究很深，一见她就知道术业有专攻。我的毕业论文试验工作是在当时的冶金工业部勘察研究总院完成，骆老师带我们去做试验时，李国新总工程师（1994 年被评为全国勘察大师）接见了我们。李总很和蔼，握手时感到他的手特别软，给我们讲了应力历史对土性质的影响，还给了我们一些日本的岩土工程技术资料。

在农大上学，课程实习是很多的，其中地质实习安排在秦皇岛的石门寨，这是我国一个典型的高校地质实习基地。我们班分为几个小组，带上地形图、罗盘、干粮、水和笔记本，一出去就是一整天，对沿线水文地质、工程地质和环境地质情况进行测量记录。

参加山海关地质实习（后排左八为作者）

大学三年级时，材料力学老师程玉川先生给我们班讲了报考研究生的注意事项。我选择了报考岩土工程专业研究生，考试科目有高等数学、材料力学、土力学、外语、政治。考试之后，我初选入围，参加面试后需耐心地等通知。有的同学通知先来了，但很遗憾未被录取，我的录取通知书是最后一个来的。在农大读书期间我参加了马克思主义哲学学习小组，在学校图书馆读了不少书，包括哲学书、历史典籍和世界名著。

3. 师从王正宏教授

1984年，我20岁，大学毕业了。9月份到北京西郊花园村华北水利水电学院北京研究生部入学，开始攻读硕士研究生，专业是岩土工程，方向为土力学，导师是王正宏老师。后来才知道王老师原来是一位土力学名家泰斗，是我国土力学、土工试验、离心机、软基处理和土工合成材料工程应用的奠基人之一。

王正宏教授出国讲学途中

王正宏老师是江苏镇江人，今年已逾96岁，身体健康，爽朗，神采依旧，依然关注岩土工程学科发展和学生成长。王老师长期跟随黄文熙先生，先后在南京水利实验处、中

8

国科学院水利电力部水利水电科学研究院和华北水利水电学院北京研究生部从事土力学及岩土工程的科研和教学。王老师的外语是童子功，在给我们讲授高等土力学时，常常双语教学，我们因此很早就熟悉了高等土力学的英文词汇，为后来阅读英文文献创造了条件。我们这个高等土力学班是联合班，联合了研究生部、水科院、清华大学、铁科院，教师们也来自各个单位，有王正宏、濮家骝、卢肇钧、周镜、杨灿文、汪闻韶、蒋国澄、陈愈炯、卞富宗、曹健人等，其中汪闻韶、卢肇钧、周镜都是当时的中科院学部委员。有机会聆听这么多名家的授课，收获颇丰。记得陈愈炯老师在讲土工试验时，说直接剪切试验的快剪记为 Q，英文是快的意思；慢剪记为 S，英文是慢的意思；固结快剪记为 R，因为 R 在英文 26 个字母中，其顺序位置介于 Q 和 S 之间，所以固结快剪记为 R。

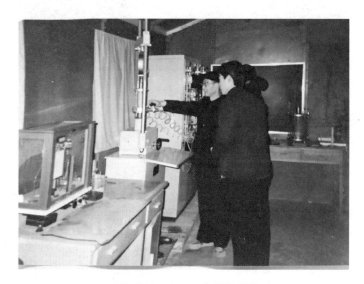

王正宏教授（左一）指导作者学习

有一次我们在清华上完一节高等土力学课后，黄文熙教授的博士生李广信在清华食堂请我们几个同学吃包子。李广信、龚晓南都是我国自己培养的岩土工程专业首批博士。李广信是黄文熙的真传弟子，后成为一代土力学名家；龚晓南是曾国熙的真传弟子，现为中国工程院院士。

读研期间，我得到两个真传。一个是土力学，我的老师是王正宏，王正宏的老师是黄文熙，黄文熙师从铁摩辛柯，并深受太沙基影响；另一个是弹性力学，我的老师是徐慰祖，徐慰祖的老师是徐芝纶，徐芝纶的老师是铁摩辛柯。铁摩辛柯、太沙基都是世界公认的学科鼻祖。说得了真传，是表达对母校和老师们的真挚之情，其实我们每个人学的都是学科鼻祖及后来学者的真传，现代化教育是标准化教学，不是古代的口授心传，所以学的都是真传。

我的很多土力学知识，还有一些文史知识，主要来自我的导师王正宏老师。王老师不仅英文水平高，而且很会写诗，对国际国内土力学及岩土工程界也很熟，名人轶事信手拈来、娓娓道来。我从王老师那里听到了太沙基的其人其事，了解到卡萨格兰德、邓肯等人的专业贡献，以及我国土力学及岩土工程发展过程中的许多趣闻。受到王老师潜移默化的影响，我写的字都逐渐像王老师的字。

研究生期间同学们一起户外活动（左二为作者）

当我的研究生毕业论文到了选题的时候，王老师问我怎么想，我说不知道，王老师说，旁压试验方兴未艾，实践先于理论，试验结果解译和工程应用的理论基础支撑还不足，于是安排我先到兵器工业部勘察研究院实习，后来参加了福州长乐电厂岩土工程勘察中的旁压仪试验。实习期间，齐英武、尤大鑫、章家驹、肖娟，尤其是王志智、严金森高级工程师（严金森后来担任中兵勘察院院长，现任中国勘察设计协会岩土工程与工程测量分会秘书长），详细指导和帮助了我。实习回来后，王老师说，你去北京图书馆阅读不少于100篇的旁压仪相关文献，要求国内国外文献各半。我完成后，王老师问我怎么样，我说了哪些需要研究的想法。王老师听完开心地说，刚才你说的主题就作为你的毕业论文题目吧。

我一直受益于王老师这种引导、启发和指点的方法。1986年，我在校撰写了文章《预钻式旁压仪试验应力分析初探》，提出了考虑应力主轴旋转的旁压试验三个塑性区基本理论，王老师看了给予肯定和鼓励，推荐我参加了当年在溧阳举办的中国建筑学会工程勘察学术委员会第二届旁压测试应用技术讨论会并在会上作学术报告。报告内容引起与会人员的重视，长沙铁道学院的姜前老师等人会下就找我交流。这是我第一次撰写公开科技论文，感觉很激动，至今仍历历在目。1987年，以《对旁压试验中几个问题的分析和试验研究》为题，我获得了中国科学院水利电力部水利水电科学研究院工学硕士学位。

4. 初入岩土工程行业

研究生毕业参加工作30多年来，我先后在河北省水利水电第二勘测设计研究院、石家庄市勘察测绘设计研究院和中国兵器工业北方勘察设计研究院有限公司工作，这三个单位的各级领导和同事们都给了我很大的支持和帮助，我一直没有忘记导师王正宏先生和班主任冯和老师的嘱咐："在做好岗位工作的同时，要努力做好技术积累和创新。"

参加河北省岗南水库扩建加固工程建设（左二为作者）

我参与的有些工程项目虽然时间久远，但印象依旧深刻，比如，重庆某兵工厂的搬迁工程勘察；湖北大峪口矿的工程勘察；广宗县人民银行水泥白灰土砂桩复合地基；石家庄市公安交通指挥中心基坑土钉支护工程；北京总参某基坑支护工程；石家庄国税局大楼工程勘察；石家庄市人民广场工程勘察；某基地桩基工程；某研究所软土场地后压浆桩基工程等。这些工程项目之所以印象深刻，是因为我当初把汗水洒在了这些工地，并针对技术难题找到了创新灵感。1989年在湖北大峪口工程勘察中，我做了坡积土、残积土和风化岩的150多组旁压试验，这是很宝贵的资料，后来陆续撰写的有关旁压试验的论文就是这个阶段奠定的基础。

广宗县人民银行地基处理工程（大概1990年），当时还没有地基处理技术规范，我和贾文华（当时是我们的主任工程师）、姜彬生等人在工地进行夯实水泥白灰砂土桩、碎石桩等地基处理。就是在这个工地上，我对复合地基原理进行了思考并得到了灵感，后来在《土木工程学报》发表了题为《基础-垫层-复合地基共同作用原理》的文章，提出了主动下刺和被动上刺的理论设想。

在国防工程勘察学术会议上作报告（左一为会议主持者常士骠大师）

1998 年前后，我们承担夯实水泥土桩复合地基的承载力检测工作，当时使用的载荷板试验还不规范。在石家庄地区，直径 0.3m 桩一般使用面积为 0.5m² 的载荷板进行测试，复合地基检测采用的置换率和实际工程的置换率不相同，这一点并没有引起当时同行的重视，我和贾文华及时进行分析讨论，很快给出了两者置换率的换算办法。1999 年参加中国土木工程学会岩土工程土工测试技术学术交流会并推广该方法，对一定时期和地区的工程实践起到了参考作用。

5. 跟随林宗元大师学习

作者与林宗元大师（左）

林宗元大师是原兵器工业部勘察研究院（现中兵勘察设计研究院）的副总工程师，全国首批工程勘察大师，时任中国勘察设计协会工程勘察协会秘书长。林宗元大师受命组织业内专家组成编制组，开始编纂"岩土工程丛书"（一套共计 5 本）：《岩土工程勘察设计手册》《岩土工程试验监测手册》《岩土工程治理手册》《岩土工程监理手册》和《国内外岩土工程实例和实录选编》。1991 年初，我遵照单位指示前去北京协助林宗元大师编纂"岩土工程丛书"。本书《回忆林宗元大师二三事》一文详细记录了这段历程。

我给林宗元大师做了 6 年助手，从秘书到常务编委兼秘书、副主编兼秘书，这段时间我的眼界大开，理论水平空前提升。期间得到了张苏民大师、龚主华高工和汤福南高工的指点，还认识了刘祖德教授、王步云大师、张在明院士、袁炳麟大师、马兰总工、顾宝和大师、张文龙大师、周亮臣大师、张旷成大师、卞昭庆大师、莫群欢大师、项勃大师等，这些熟悉响亮的名字，或是老一代院士、开山专家学者，或是响当当的全国工程勘察设计大师。

6. 在工程中做学问

1996 年底，我圆满完成了林宗元大师交给的任务，回到石家庄工作，之后一直从事岩土工程勘察、地基处理和基坑支护工作。我在这个时期完成了"石家庄土钉法"和地基第一拐点承载力基本表达式等，并因此获得了河北省建设行业科技进步奖。同期我开发了100 多个岩土工程的专业软件，并编制了一些相应的手机版软件。另外，我还参加了国家嫦娥三号登月研究，成功研制出第一代低重力模拟月壤，为登月事业做出了贡献。

作者与张在明院士（左）

　　梁金国大师组织编制河北省的地基基础设计规范并邀我参加，使我有机会和梁大师一起对地基承载力表的编制进行学习研究，期间得到了同济大学高大钊教授的指导。梁大师、我和贾文华是规范的三位主要起草人。我们一起研究分析了全省700多套对比资料，最终建立了河北的地基承载力经验表，出版了河北省技术标准，这是具有历史性的功绩。

参加全国工程勘察总工程师论坛（右一为作者）

　　2004年底，我开始担任中国兵器工业北方勘察设计研究院的副院长兼总工程师，2005年我参加了兵器工业集团中青班，到宁波挂职锻炼大约半年时间。这次培训后，我脑洞大开，认识到管理是一门学问，管理就是生产力。中青班班长和同学们很优秀，都是兵器工业企业和研究所的高管，从他们身上我学习了很多，至今受益。

　　2006年，我被推荐参加全国注册岩土工程专业考试命题专家组（组长张苏民，副组长高大钊、李广信）。一年有几次封闭集中的命题会议，命题组专家荟萃、气氛好，既是工作团队，也是技术交流平台。我从各位命题专家身上学到了很多知识。

　　2009年，我被河北省住房和城乡建设厅、河北省人力资源和社会保障厅授予首批"河北省工程勘察设计大师"称号。

　　2010年底，我担任中国兵器北方勘察设计研究院有限公司总经理，遵照上级指示，加强学习，强化强军首责，团结带领单位干部职工，坚持自知、自信，拒假求真，一体化经营、专业化联合、特色化发展，建设技术链、产业链、价值链，做到自己清、市场清、对手清、技术清，推进标准化、系列化、模块化，做好功课、作业、攻略，主要精力放在单位改革发展上。

2017年，我创办了微信公众平台《岩土工程学习与探索》，抽时间撰写了不少新的技术理念和解决方案，以期促进行业科技发展。

在北京做学术讲座（左一为作者）

2018年，我在中国建筑工业出版社出版了《工程建设中的土力学及岩土工程问题——王长科论文选集》，在上级和单位领导与同事们的支持下成立了"王长科大师工作室"，后由河北省总工会和河北省科技厅命名为河北省劳模和工匠人才创新工作室——王长科创新工作室。同年，组织建设获批河北省地下空间工程岩土技术创新中心，结合单位发展需要确立了工作方向，力争处理好创新和创利的辩证关系。

感谢老师，感谢领导，感谢同事和朋友们给予的支持与帮助，我将不忘初心，继续努力，为单位发展和行业科技进步做出新的贡献！

组织参观河北雄安新区（右七为作者）

前　　言

　　岩土工程是各类建设工程、矿山工程、地质环境工程和岩土生态修复工程的支柱性专业，在我国国民经济建设中发挥重要作用。岩土工程涉及的方面非常广阔，遇到的每一个问题都非常复杂，这些现象皆因岩土的性质特殊所致，包括地质成因的复杂性、物质组分的多相性、不均匀性、取样扰动性、边界条件的多样性、非线性、弹塑性、压硬性、振动液化性、随应力而变、随应变而变、随水而变、随温度而变、随应力历史而变、随侧限而变等，以及一些区域性岩土的特殊性，比如湿陷性、膨胀性等。另外，也由于岩土的服务领域十分广泛，从功能上划分，至少可以用作各类工程设施的地基、地质体、建材、空间介质、环境介质、生态介质、文化介质等。为此，作者在努力同步完成工程技术工作的同时，对接触到的许多技术问题进行了研究和澄清，包括岩土工程概论、工程勘察、地基基础工程、基坑及地下空间工程等，解析好这些岩土工程中的热点问题，可以进一步处理好工程难题、复杂问题。现将作者自 2018 年以来完成的岩土工程热点问题解析，进行梳理并汇总成册，以期对岩土工程行业的技术发展贡献力量。

　　岩土工程技术发展很快，但至今仍然是一门半理论半经验的学科，对许多工程问题的处理既需要理论指导，又需要结合经验对具体问题进行具体分析。

　　本书的编纂，中国兵器工业北方勘察设计研究院有限公司（河北省地下空间工程岩土技术创新中心）大师工作站的张春辉同志做了大量工作，同时也得到了公司王治国总经理、任俊芳书记等领导及单位内部许多工程师们的支持，在此一并表示感谢！

王长科

目　　录

第一篇　岩土工程概论

第二篇　工程勘察

第六篇　随笔

第一篇
岩土工程概论

岩土工程的概念与内涵

【摘　要】　综述了岩土工程发展历程、业务内涵、定义、与千年大计关系和发展预期。

1　前言

各类工程建设、矿业工程、环境治理、生态恢复、文化遗产保护和社会管理中往往涉及岩石与土的问题，这些与岩土有关的工程技术就是岩土工程。岩土问题涉及面宽广，情况复杂，梳理和研究岩土工程的内涵，有助于岩土工程的行业发展，有利于社会公众对岩土工程行业的认知，也有助于岩土工程从业人员的学习进步。本文回顾了岩土工程的发展历程、感悟了岩土工程中的千年大计、探讨了岩土的 10 个属性、给出了岩土工程的定义和业务内涵的表述、总结了岩土工程的技术方法、展望了岩土工程的发展预期。

2　古代岩土工程

岩土工程古已有之，只是到了近几十年才提出了岩土工程这个词。相传，4200 年前，大禹治水修建水利工程；4000 年前，黄帝古都的古城（河南古城寨村）采用夯实填土地基；周朝修建了具有一定质量标准的道路；2600 年前，春秋时期，河北邯郸永年广府古城在湿地水中央建成，至今保存完好；2500 年前，战国时期的李冰父子利用岩石的热胀冷缩原理修建都江堰，至今造福社会。隋朝（6 世纪）石匠李春修建赵州桥；明朝（15 世纪末）采用大底盘筏板基础的北京五塔寺金刚宝座塔建成。历代水利工程、盐井、矿道、古城、窑洞、地道、土房、石头房、茅草房、塔、楼、殿、阁、道路、栈道、运河、石拱桥、悬索桥、园林等，几乎都包含了地基基础、地基处理、洞室稳定、岩体稳定、边坡防护、河岸防护、堤坝建设等岩土工程内容，尽管没有系统的岩土工程理论指导，但当时古人多依靠能工巧匠的经验，巧借气象地利，运用生产生活经验、几何原理和道法自然思想来完成。

3　近代岩土工程

18～19 世纪初，科学家和工程师提出了许多经典理论，制造了施工机械，完成了许多著名铁路工程、水利工程、建筑工程。其中在 1861—1919 年，中国詹天佑修建了京张铁路。从学科专业发展看，此期间代表性的理论主要包括：1726 年，瑞士科学家丹尼尔·伯努利提出流体的流动遵守机械能守恒的伯努利定律，用于地下水压力计算。1773 年，

本文原载微信公众平台《岩土工程学习与探索》2020 年 1 月 28 日，作者：王长科

法国人库仑建立库仑理论，后来由莫尔发展的莫尔-库仑强度理论；1776年，库仑发表土压力理论；1856年，法国人达西建立了渗透理论，即达西定律；1857年，英国人朗肯建立了土压力理论；1885年，法国人布辛奈斯克（J. Boussinesq）建立了集中力作用下的弹性应力解答。后在1936年，美国学者明德林（Mindlin）推导得半无限体内受集中力作用引起的地基应力解答。以上理论和用于变形计算的胡克定律（1678年）、用于水浮力计算的阿基米德定律（公元前245年），共同构成了现代土力学的理论基础，即土力学四个定律（莫尔-库仑定律、胡克定律、达西定律、伯努利定律）。

4　现代岩土工程

1925年太沙基（Karl Terzaghi）的著作《土力学》问世，提出了固结理论以及土压力、承载力、稳定性分析等理论，标志着土力学学科诞生，从此岩土工程发展从经验阶段开始进入半理论半经验阶段，逐步取得辉煌成就。从学科专业发展看，重要事件主要包括：

1921—1923年，太沙基提出土的有效应力原理、固结理论。

1925年，太沙基发表《土力学》。

1936年，美国学者明德林提出半无限体内集中力作用下的应力解答。

1936年，第一届国际土力学及基础工程会议召开。

1937年，黄文熙回国，在美期间师从铁摩辛柯，受到太沙基影响。

1945年，黄文熙在南京水利实验处创立中国第一个土工试验室。

1951年，黄文熙主编《土工试验手册》。

1952年，中国建立工程勘察机构，涉及工程测量、工程地质、水文地质、工程物探等领域。

1954年，重工业部颁布《工业与民用建筑地基土壤试验操作规程》（试行本）。

1955年，建筑工程部《土工试验操作规程》。

1956年，水利部颁布《土工试验操作规程》。

1957年，中国土力学及基础工程学会学术委员会成立，并加入国际土力学及基础工程协会；1978年改名为中国土木工程学会土力学及基础工程学会；1999年改名为中国土木工程学会土力学及岩土工程分会。

1966年，第一届国际岩石力学大会召开。

1970年，第一届国际工程地质大会召开。

1974年，《工业与民用建筑地基基础设计规范》TJ 7—74颁布。

1975年，出版《工程地质手册》第一版；1981年第二版，常士骠主编；1990年第三版，常士骠、张苏民主编；2006年第四版，常士骠、张苏民、项勃主编；2018年第五版，化建新、郑建国主编。

1975年，出版《铁路工程地质手册》第一版（1999年第二版）。

1977年，《工业与民用建筑工程地质勘察规范》TJ 21—77颁布。

1979年，我国《岩土工程学报》创刊号，黄文熙发表文章《为积极开展岩土工程学的研究而努力》。

1980年，国家建工总局提出《关于改革现行工程地质勘察体制为岩土工程体制的建议》。

1983年，美国《土力学及基础工程学报》更名为《岩土工程学报》（Journal of Geotechnical Engineering）。

1986年，原国家计委发出《关于工程勘察单位进一步推行岩土工程的几点意见》，启动推行岩土工程体制，各类工程中的岩土工程勘察、岩土工程设计、岩土工程治理、岩土工程监理、岩土工程监测、岩土工程检测等业务，要由熟悉地质条件和岩土性质的岩土工程师承担。实现岩土工程师既"诊病"，又"开方"，又"治病"，这对于提高岩土工程质量、合理安排建设工期和扩大投资效益具有明显作用，也和世界先进国家通行做法相接轨。推行岩土工程体制后，工程勘察发生了积极变化，过去搞"工程地质勘察"，重在查明场地、地层、岩土性质和提供设计参数，体现了勘察为设计提供资料。改制后岩土工程勘察除了查明场地、地层、岩土性质外，还在读懂工程的基础上，针对工程全过程（设计、施工、运维）问题，进行岩土工程分析论证，提供勘察结论和岩土开发、利用、治理及保护的方案建议、岩土相关参数和注意事项，体现了勘察要服务于工程建设全生命周期。国家首批勘察大师张苏民先生说："工程地质勘察"的重点在地质，而"岩土工程勘察"的核心在工程。二者既相联系，又相区别。

1987年，国际土力学与基础工程学会（ISSMFE）成立环境岩土工程委员会（TC-5）。

1992年，林宗元主编《国内外岩土工程实例和实录选编》出版。

1993年，林宗元主编《岩土工程治理手册》出版。

1994年，林宗元主编《岩土工程试验监测手册》出版。

1994年，建设部颁布《岩土工程勘察规范》GB 50021—94，替代《工业与民用建筑工程地质勘察规范》TJ 21-77。

1994年，林在贯、高大钊、顾宝和、石振华主编《岩土工程手册》出版。

1996年，林宗元主编《岩土工程勘察设计手册》出版。

1997年，林宗元主编《岩土工程监理手册》出版。

1997年，美国《岩土工程学报》更名为《岩土工程及岩土环境工程学报》（Journal of Geotechnical and Geoenvironmental Engineering）。

1999年，国际土力学及基础工程学会（ISSMFE）更名为国际土力学及岩土工程学会（ISSMGE）。

1999年，中外多学会联合召开学术交流会"我们共同的地盘"，呈现岩土工程业务跨界新格局。

2002年，我国举行第一次注册土木工程师（岩土）执业资格考试。

2003年，中国建筑学会、中国岩石力学与工程学会、中国地质学会联办第一届全国岩土与工程学术大会。

2009年，住房城乡建设部颁布《注册土木工程师（岩土）执业及管理工作暂行规定》。

2012年，我国正式实施注册土木工程师（岩土）执业资格制度。

5 岩土属性和岩土工程业务内涵

从人类社会发展看，岩土具有许多和人类活动相关的属性。

（1）地质体：岩土是地球的组成部分，其形成具有地质成因，具有普遍规律性可循和地域特殊性并存。广义的岩土包括人类活动形成的具有岩土相似特征的堆积物，比如建筑垃圾、尾矿、工业废渣、灰尘等。

（2）空间介质：岩土是三维客观存在。

（3）地基：承载各类基础设施。

（4）材料：建筑材料，水泥、砖、瓷器等基质材料，颜料等。

（5）环境介质：人类生产生活的周围存在，需要环境良好，无毒无害、环境优美、稳定安全。

（6）生态因子：大气、阳光、降雨、温度、植物、生物等共同组成生态基础，关注土质、养分、微生物、土壤墒情、地温等。

（7）文化载体：文化遗产的载体，比如敦煌石窟、云冈石窟、乐山大佛、石雕、石刻、印钮等岩土文物。

（8）矿产：煤矿石、铁矿石等。

（9）食材：盐、黄泥叫花鸡、石头饼等饮食材料。

（10）药：麦饭石、浮石、芒硝、朱砂等医药、火药原材料。

以上岩土的十个属性中除了矿产、食材和药三个属性之外，其他七个属性，都是人类社会发展不同阶段的岩土工程内容。归类为：

（1）岩土建设工程：岩土的建设开发、利用、治理和保护。

（2）岩土环境工程：岩土的环境开发、利用、治理和保护。

（3）岩土生态工程：岩土的生态开发、利用、治理和保护。

（4）岩土文化工程：岩土的文化开发、利用、治理和保护。

岩土环境工程、岩土生态工程和岩土文化工程，是岩土建设工程发展延伸后，跨界融合共同发展的领域。之所以将这三个领域划入岩土工程，是因为这三个领域对岩土的调绘、鉴别、取样、试验测试、检测、监测，以及开发、利用、治理和保护，涉及的方法和原理等，与岩土建设工程有相通之处，同样需要运用岩土工程师的经验和能力。

纵观岩土工程业务的发展历程，基本反映了人类社会的发展历程。在人类生存和发展初级阶段，基础设施建设是重要任务，这时的岩土工程的业务主要是岩土建设工程，人类进入高质量发展阶段，人类将日益关注生态环境，岩土工程师的任务开始向环境、生态、文化以及社会管理等领域延伸。不仅岩土工程这样发展，其他各相关专业都将走向跨界融合发展，这符合社会发展规律。

岩土工程的业务发展，除了上述的横向延伸发展外，纵向也将获得发展，岩土工程的纵向业务范围包括：

（1）岩土工程咨询：进行考察、地调、初步勘察、方案创作和投资分析，提出投资建设方案，并对整个岩土工程实施进行管理、把关、优化、监督、检测和控制。

（2）岩土工程勘察：查明场地、地基、地层及岩土的工程性质，通过方案论证和预期分析，提供勘察结论和岩土开发、利用、治理及保护的方案建议、注意事项与相关岩土参数。

（3）岩土工程设计：岩土工程的设计计算、施工方案和工程量。

（4）岩土工程施工：岩土工程的建设。

（5）岩土工程检测：岩土工程的工程质量测定。

（6）岩土工程监测：岩土工程的实时监控量测和安全报警。

（7）岩土工程监护：岩土工程运行期间的监测和维修。

（8）岩土工程修复：岩土工程的加固、维修。

（9）岩土工程迁移：基础托换、纠偏、顶升和平移。

（10）岩土工程拆除。

岩土工程业务主要有：岩土工程勘察、挖填、场地、路基、地基处理、桩、基坑、边坡、挡土墙、地下水治理、土工建筑物、车辆地面力学工程、土工合成材料工程、隧道及地下空间工程、深部岩土力学及地下工程、不良地质、特殊岩土（膨胀岩、膨胀土、湿陷性黄土、污染土、盐渍土、软土、冻土等）、土岩爆破、岩土防护工程、岩土地震工程、地质灾害防治、岩土气候工程、岩土环境工程（土壤修复、垃圾处理等）、岩土景观工程、岩土生态工程、地质旅游工程、岩土文化遗产保护工程等。

岩土工程技术方法有：探、测、用、治、护。

岩土工程工法原理主要有：挖、填、换、垫、钻、振、冲、挤、钉、撑、密、拌、注、浸、固、护、桩、锚、喷、井、盾、冻、烧、电、拦、挡、堤、坝、加筋、复合、排水、防渗、滤土、生物、化学。

岩土工程是按照研究对象"岩土"来定名的，是各类工程的支撑性专业，如建筑、市政、公路、铁路、地铁、桥梁、隧道、水利、港口、电力、地矿、冶金、石化、油气、化工、机场、国防、军工等。有的工程，比如土石坝、河道治理、水土保持、挡土墙、石拱桥、隧道、地下空间工程等，整个工程就是岩土工程。岩土工程遍存于各类工程，但其表现形式往往是建筑、水利、交通等工程。

茅以升先生说过，一个土木工程师，如果对岩土工程研究不深，就不是一个合格的土木工程师。这充分说明了岩土工程的重要性。

6　岩土工程定义的发展

关于岩土工程的几个定义：

（1）中国大百科全书：以工程地质学、土力学、岩石力学及地基基础工程学为理论基础，以解决和处理在建设过程中出现的所有与岩体和土体有关的工程技术问题的新的专业学科。（王钟琦）

（2）《岩土工程基本术语标准》（1998）：土木工程中涉及岩石、土的利用、处理或改良的科学技术。（王正宏）

（3）Ann（1999）：土力学、岩石力学、工程地质及其他与土木工程、采矿工业、环境保护有关的学科的应用。

（4）王长科（2018）：各类工程及社会发展中关于地形地质、岩石、土、地下水、地下气体、地下洞室、固体危废、土壤污染物、土壤微生物等的勘察、检测、监测及其开发、利用、治理和保护的工程技术及工程设施的总称。

岩土工程的定义发展反映了岩土工程实践的历史发展情况。

7 岩土工程中的千年大计和千年大计中的岩土工程

岩土工程是各类建设工程直接承载于地、最先实施、最底层、最基础、最隐蔽的部分，失事后果严重。因此，岩土工程的安全度，必须经得起岩土自身性质的不确定性，以及日后使用期内的功能使用、地震、降雨、风雪、地下水、地面标高、环境因素等使用条件与环境条件的不确定性的考验。工程建设百年大计，而岩土工程要体现千年大计。

一些古建、古城、古塔、古桥、古河等，之所以屹立千年，其中的奥妙除了岩土的性能使用留有余地外，在文化理念和工程质量上，总结有以下几点。

（1）智慧：感悟自然，生活经验，哲学指导，几何学原理。结合方式：刚柔、虚实、有意和无意（巧妙、巧合）、快和慢、人与自然。

（2）千年大计思想：科学、巧妙、细致、稳固、合理、周到、顺势、扬长避短、耐久、有余地、可维修、自适应、自平衡、自维护、协同自然（位置、方向、阳光、风向、温度等）。

（3）拥有下列质量属性：功能性、实用性、耐久性、空间性、巧妙性、经济性、符合性、安全性、时间性、绿色性、视觉性、方便性、拓展性、维护性、自适应性、协同自然性、文化性。

8 岩土工程发展预期

当前，传感器、卫星、通信、网络、无人机、计算机软硬件、手机、地理信息、云端、大数据、虚拟数据等产业发展突飞猛进，岩土工程除在前述横向、纵向上的发展外，岩土工程信息化也将获得突飞猛进的发展。智慧测量、智慧勘察、智慧物探、数据自动采集、机器人装备、地质地理信息、三维数值分析、信息化施工、智慧桩、智慧锚杆、智慧地基处理、智慧基坑围护、绿色岩土工程、装配式岩土工程、岩土工程数据库、岩土工程GIS、岩土工程 BIM、智慧工地，自动实时监测、智慧报警、智慧监护，将成为突破方向。

岩土工程企业发展也将迎来新发展新适应，传统型的勘察部门将分别向建设型、服务型、咨询型、专业型、承包型、技能型、混合型等方向发展，随着社会市场经济高质量发展的不断深入，岩土工程专业将越来越深入到社会发展的各行各业，越来越会创造价值，越来越受到社会各界的关注和重视，越来越成为规划建设千年大计的基础性专业。

值得注意的是，岩土工程因其研究对象的复杂性，在推进岩土工程信息化的同时，要更加注意经验积累，岩土工程实践的技艺性特点没有变。

岩土工程涉及岩土的学问，是地利工程，巧借自然和改造自然，做好岩土工程需要德位相配。岩土工程师除应具备相关业务知识和经验外，尚应具备人文素养，主要有：热爱自然、保护环境、尊重生态；热爱生活、通情达理、诚信友善；爱岗敬业、勤学苦练、宁静致远。

岩土工程本是土木工程的一部分，"岩土工程"和"土木工程"，以及古代的"大兴土木"，共有一个"土"字，足以说明岩土工程的古老性、关键性，同时，岩土具有多种属性，又足以说明，岩土工程的发展前景十分广阔，伴随人类社会发展而发展。岩土工程既是一个古老的专业，又是一个不断发展、充满活力、永远年轻的专业。

参考文献

［1］ 吴奕良，何立山. 深化岩土工程体制改革是新时代的历史使命［EB/OL］. 勘察设计前沿，2019-06-14.

［2］ 沈小克，韩煊，周宏磊，孙保卫. 岩土工程在可持续发展中的新使命［J］. 工程勘察，2013（4）：1-8.

［3］ 沈小克. 改革开放 40 年工程勘察行业回顾及展望［N］. 建筑时报，2018-12-05.

［4］ 王长科. 走近岩土工程和岩土工程师［EB/OL］. 岩土工程学习与探索，2018-1-16.

［5］ 王长科. 工程建设中的土力学及岩土工程问题——王长科论文选集［M］. 北京：中国建筑工业出版社，2018.

［6］ 王长科. 谈勘察结论与建议的编写［EB/OL］. 岩土工程学习与探索，2018-11-24.

［7］ 王长科. 做好岩土工程需德位相配［EB/OL］. 岩土工程学习与探索，2018-10-05.

走近岩土工程师

【摘　要】　岩土工程师需要集合建筑师的创造力、地质师的洞察力、结构师的算术、建造师的经验和科学家的求真精神。

1　岩土工程师的角色

岩土工程师，顾名思义，就是研究解决工程中与岩土有关问题的工程师。工程问题源于岩土的存在，而解决手段则是工程措施。由此，岩土工程师的工作可能会涉及各类工程建设、矿山工程、地质环境工程、岩土生态修复工程、文化遗产保护工程等，而且，岩土工程师需要懂得岩土的勘察、取样、测试、试验、设计、施工、检测、监测和应急管理。可见岩土工程师责任大，需要的知识面和经验宽，面对的行业多。岩土工程师在我国经济建设中发挥缺一不可的重要作用。

岩土工程涉及的方面非常广阔，遇到的每一个问题，都非常复杂，这些现象皆因岩土的性质特殊所致，包括地质成因的复杂性、物质组分的多相性、不均匀性、取样扰动性、边界条件的多样性、非线性、弹塑性、压硬性、振动液化性、随应力而变、随应变而变、随水而变、随温度而变、随应力历史而变、随侧限而变等，以及一些区域性岩土的特殊性，比如湿陷性、膨胀性等。另外，也由于岩土的服务领域十分广泛，从功能上划分，至少可以用作各类工程设施的地基、地质体、建材、空间介质、环境介质、生态介质、文化介质等。

一直以来，岩土工程技术发展很快，但至今仍然是一门半理论半经验的学科，对许多工程问题既需要理论指导，又更加需要结合经验进行具体问题具体分析地解决。

2　岩土工程师和其上下游的关系

在业务工作上，岩土工程师离不开建筑师、结构工程师、建造师的协作和支持指导。下面列出几者之间的关系。

建筑师：建筑活动的组织者；回答业主提出的问题；设计建筑布局；建筑方案；艺人；想；创造；从"无"到"有"。

结构工程师：工程结构的安全卫士；回答建筑师提出的问题；分析结构体系的稳定、变形；结构体系＋板梁柱墙；匠人；算；验证；先"设"到"计"。

建造师：工程设施的建造者；把设计师的理想变为现实；施工、安装；钢、木、砖、石、混凝土；匠＋工；建；造物；从"图纸"到"实物"。

本文原载微信公众平台《岩土工程学习与探索》2018年1月16日，作者：王长科

岩土工程师：改造自然界的守护者；回答人与自然界共同提出的问题；动土；科学家＋艺人＋匠＋工；探；探索；由"不知"到"知"。

3　岩土工程师需要的能力

岩土工程师需要广博的知识：岩土工程，具有综合性、复杂性、通用性、跨界性、专门性、标准性、探索性、技艺性、区域特殊性和基础性。岩土工程的业务范围，包括了各类工程中的岩土工程咨询、岩土工程勘察、岩土工程设计、岩土工程施工、岩土工程检测、岩土工程监测、岩土工程鉴定、既有岩土工程改造和岩土工程法律援助。

岩土工程师执业需要注册：注册土木工程师（岩土）。常称注册岩土工程师。

岩土工程师需要具备综合考虑的能力：岩土工程，是半理论、半经验，半室内、半室外，半脑力、半体力，半生产、半科研的学科。具有综合性、复杂性、地区性、基础性、通用性、跨界性、标准性、探索性、技艺性。需要因地制宜、因势利导，要体现"求是""先进""绿色""巧妙"。

岩土工程师需要工程经验，世界土力学始祖太沙基说："土力学不仅是一门科学，而且是一门技艺"。我国岩土工程界一代宗师黄文熙说："岩土工程犹如医学"。土力学家王正宏说："运用电子计算机解决岩土工程问题，如果不加判断地进行输入，那么输入的是废料，输出的是垃圾"。

岩土工程师需要融入整个工程建设：岩土工程是土木工程承于大地，甚至一体于大地的部分，重要、必不可少。有的土木工程项目，整体就是一项岩土工程。岩土工程是"土力学及岩石力学＋地质＋结构"的学问融合。岩土工程和土木工程，共享一个"土"字。

岩土工程师和工程地质师的联系：工程地质的重点是地质，地质工程师研究规律；而岩土工程的核心是工程，岩土工程师解决问题。

岩土工程师需要的能力：集合建筑师的创造力、地质师的洞察力、结构师的计算力、建造师的经验和科学家的求真精神。

岩土工程师的工作方法：研究地质规律、构建地质模型、结合工程模型、确立力学模型、确定数学模型。定量计算，定性判断。计算就是理论，判断就是经验。宏观看定性，微观看定量。比如：地基承载力确定口诀——连测带算看经验。

岩土工程师的终极任务：认识、把握、利用、治理、保护，把工程、地质、环境三要素，紧紧结合在一起。

对"工程咨询"和"岩土工程咨询"的理解与思考

【摘　要】　工程咨询服务于建设项目的投资和实施。阐述市场经济社会咨询和承包商的关系。岩土工程咨询是工程咨询业务的一个专业。

1　前言

为什么还要对"工程咨询"和"岩土工程咨询"进行深化理解,因为这关系到行业发展,并且关系到目前咨询、勘察、设计、施工等企业的转型方向与未来市场领域。因此,深刻理解、明晰行业市场界定,十分重要。

有关工程咨询和岩土工程咨询的基本概念,当前在行业内外,在认识上还需要随着实践总结不断深化。笔者将自己的当前认识表述如下,谨供同行专家参考,不妥之处请指正。

2　咨询

无论是汉语释义,还是英语词典的解释,"咨询"都意味着请教、商量、征求意见、求教、参谋、询问、咨问。一个人或者一个组织,在做一项决策时,或者在完成已决策事项过程中,往往需要请置身其外的人或具有某一专长的组织,为其出主意。这样才能最大限度地趋利避害。这里的"出主意"就是咨询。

3　工程咨询

笔者此前参加中国工程咨询协会主办、国际咨询工程师联合协会(FIDIC)外方专家授课的工程咨询培训班(笔者和李宏义大师两人参加,应该是 1989 年,还发了结业证书),收获颇多。

工程咨询是从 FIDIC 引进的,欧美市场经济经过近 400 年的发展,逐渐形成了适应于市场经济规律的投资建设模式。业主自主聘请咨询单位,提供全过程或者阶段性、部分性的咨询,咨询属于软服务,不承担也不能承担实体实物性的工程承包(承包商)、供货(供应商)、制造(制造商)。咨询内容主要有投资咨询、建设方案设计、工程项目管理等,这是指全过程咨询。施工图设计不由咨询单位承担,而是由投标的承包商单位承担。承包商会根据业主提供的由咨询单位完成的建筑方案,应用自己拥有和掌控的新理论、新材料、新工艺和专有技术,做出自己的施工图设计,结合自己的资金方式,做出报价和投标。简单

本文原载微信公众平台《岩土工程学习与探索》2017 年 12 月 11 日,作者:王长科

说，承包商是具体干活儿的，咨询单位是说怎么干、干成什么样（出方案）。一个是硬劳动，一个是软服务。

工程咨询服务于政府和市场业主的建设项目的投资决策与实施，全过程也可分阶段。

在我国，工程建设体制和市场管理模式已经发展了几个阶段。发改委和建设主管部门各尽其责，又密切配合，在各个历史阶段都发挥了重要作用。发展规划、建设规划，总规、控规、修规、详规，概念性规划，项目建议书、可研、施工图设计，这些概念与阶段已经和正在发挥着重要作用。

党的十八大以来，市场在配置资源中起决定性作用，同时政府发挥更好作用。党的十九大胜利召开，中国特色社会主义进入新时代，市场经济的客观规律和中国特色决定了未来我国建设体制和市场管理模式的发展。从政府层面看，受理申请—批准，从业主层面看，投资咨询—项目申请、批准—概念性规划、建筑方案，勘察、设计、施工分阶段或总承包招标。从乙方层面看，咨询院向招标、设计、项目管理、造价、监理延伸发展；勘察院向岩土工程咨询、岩土工程总承包、工程监测、地理信息、检测延伸发展；设计院向投融资、咨询、设计总承包、项目管理、招标、造价、监理、施工图审查等延伸发展。施工单位向投融资、设计、总承包延伸发展。

工程建设行业转型发展，景象繁荣，随着国家推进"四个全面""五种理念"的不断深入，市场经济规律作用逐渐彰显成效。从建设行业乙方层面看，市场投资引领，需求细分，服务商、承包商、供应商、制造商，角色逐趋明显。

4 岩土工程咨询

"岩土工程"是个很特殊的专业术语，应该是黄文熙教授1979年创刊《岩土工程学报》时从欧美国家使用的 Geotechnical Engineering、Geotechnique 等英文术语翻译而来，东南亚、我国台湾地区叫大地工程。应该说，"岩土工程"这个术语用词已经是最优的了，虽然不是最理想，不过至今也尚未找到更好的用词。40年来已经约定俗成，不必再改了。传统的岩土工程，包括地基基础工程类、堤坝工程等土工建筑物类、隧道工程等地下工程类，共三大类。但是，在市场工程实践中，地基基础是建筑工程；土坝是水利工程；隧道是交通工程（水工隧洞是水利工程）。发展至今，岩土工程的内容更加广阔。

对多数具体的岩土工程项目，都是某行业工程（如建筑、水利、铁路等）的一部分。也有少数区域性或独立性工程的主体就是岩土工程，比如地震地质、地质灾害、垃圾卫生填埋、土壤修复治理工程、填海工程、土地整理、矿山恢复治理、开山填沟、场地整理工程、土石方工程等。

"岩土工程咨询"术语的最早使用，可能还是1986年原国家计委发文提出工程勘察向岩土工程延伸之后开始使用的。当前对"岩土工程咨询"业务内容理解不一，是能理解的。

从"工程咨询"这一大的层面来说，"岩土工程咨询"指的就是主体为岩土工程的建设项目的投资决策与实施的全过程咨询，岩土工程咨询和水利咨询、公路咨询一样，是工程咨询业务的一个专业。当然，主体为岩土工程的建设项目中会有其他诸如建筑、水利等专业的辅助工程，正像水利项目中有少量建筑工程，而建筑工程，如校区建设中有小型水利、农业、园林工程一样。

从市场接触量大面广层面说，岩土工程更多的是各行业项目建设中的岩土工程，包括岩土工程勘察、设计、施工、检测、监测。不少地方，将建设过程中的具体岩土工程方案咨询、岩土工程施工图设计及方案优化、工程勘察施工图审查、法律援助等，归类为岩土工程咨询。

5 小结

无论如何，优势和趋势，人为力量和市场力量，会促进并不断改进着建设市场的发展。最终各归其位，更加高效、便捷地服务于市场。

符合规范的"危险工程"

【摘　要】 做好概念设计，可以更好地防止出现符合规范的危险工程、不好用不耐用工程、不好看不耐看工程。

1　前言

工程建设必须符合相关技术标准，这是基本要求。反过来，符合规范要求就一定安全了吗？当前的技术标准，在定量方面规定得较严格，在定性方面，或者说在概念设计、概念控制上，规定不多。安全适用、经济合理、绿色环保，许多规范在总则里做出这样规定，还有在很多章节里也做了一些原则性的要求。按照规范开展概念设计是不够的，符合规范的"危险工程"时有出现。

2　概念设计

概念设计是运用人类对自然界和生产生活中的经验做出的宏观考虑，许多优秀工程，还有历经千年的古建筑，构思巧妙，巧借自然力，结构合理，扬长避短，以人为本，方便维护，都是概念设计的典范。

概念设计是微观问题宏观解决的最好途径。做好概念设计，需要加强学习和经验积累，注意观察自然现象和生产生活中的经验，重视哲学思想和天文地理学问，需要宁静致远、身心健康、热爱自然、关怀社会和与人为善的根基。做好概念设计，可以更好地防止出现符合规范的危险工程、不好用不耐用工程、不好看不耐看工程。

3　定性和定量相结合

工程建设既需要智慧、科学技术，还需要负责的工匠精神。定性就是做好概念控制，定量就是用好科学技术。定性是文化，定量是科学。

从事工程建设的勘察、设计和施工工作者，既要认真学习科学技术和规范规定，更要学习积累自然、社会、人文、建筑、哲学方面的知识和经验。将定性定量相结合，才能做到"工程建设，千年大计，以人为本，和谐自然"。

本文原载微信公众平台《岩土工程学习与探索》2020年2月4日，作者：王长科

工程选址与设防探讨

【摘　要】　从岩土工程专业角度，对工程选址进行了跨界探讨。

1　前言

地球是人类的共同家园，人类发展和地球生态发展要相适应。工程建设是人类活动和地球生态环境最密切的一种活动。因此，坚持千年大计，生态优先、环境优先，是工程建设应当遵循的基本理念。而工程选址、设防和建造智慧，是千年大计工程建设的重中之重。

2　工程选址问题

工程建设，比如房屋建造，从专业分工的角度看，分为建筑、结构、岩土、给水排水、暖通、智能化等专业，但从高空看地球，工程建设就是人类使用一定的材料在地球表面进行的一种破土动工活动，属于一种广义的岩土工程，古人谓大兴土木，即是佐证。

工程选址，是工程建设各专业共同面对的课题和任务，需要综合确定。工程选址是工程建设第一要务，具有事半功倍的作用。吉人居吉地，这是古人积累的经验。选址应从硬环境、软环境两方面综合考虑。硬环境有场址地震稳定性、地质环境、场地与地基稳定性等方面；软环境有风水环境、人文环境、发展环境等。拟建场址稳定，地质环境稳定，场地及地基稳定良好，就适宜工程建设。风水环境、人文环境、发展环境配套适宜，发展质量就高。上乘境界的工程建设，应当同时具备人文性、社会性和自然性，最终应该是，工程建筑始于人文，终于其自然属性，使工程融入，并成为自然的一部分，此所谓古人的"天人合一"理念。

（1）地震稳定性

包括场址地震稳定性，场地与地基地震液化、震陷等地震效应。《建筑抗震设计规范》GB 50011 对工程场址和发震断裂的关系，以及地震液化判别等做出了规定。

（2）地质环境

地质环境系指建筑所在位置及其周围一定范围的地形、地质、山水林田湖草地理、水体、人工活动遗物等环境物质的状态。地质灾害是指在自然或者人为因素的作用下形成的，对人类生命财产造成的损失、对环境造成破坏的地质作用或地质现象。地质灾害在时间和空间上的分布变化规律，既受制于自然环境，又与人类活动有关，往往是人类与自然界相互作用的结果。

本文原载微信公众平台《岩土工程学习与探索》2020年9月1日，作者：王长科

地质灾害主要有崩塌、滑坡、泥石流、岩溶、土洞、地面塌陷、地裂缝、水土流失，以及洪涝、地下水升降、河岸侵蚀、相邻建设、污染等引发的地质灾害。工程选址应注意场地及一定范围的地质灾害的可控性。

（3）场地与地基稳定性

场地系指工程建筑地点所在的具有地震、地质、地形、地理等相同性质的地面单元。场地稳定，是保障工程建筑跨越千年的基本前提。地基系指工程建筑自身自重及运营产生的荷载，对其基础之下产生影响的范围内的岩土体。地基稳定或者地基岩土具备可处理加固条件，是保障工程建筑及其各部构件安全的基本条件。

（4）风水环境

风水环境系指场址及其周围一定范围内，自然力量的客观存在，包括可见和不可见的天地、尺度、邻里、风、水、光、温度、振动、污染、声音、色、湿、燥、气、能、火、电、雷、雨、雪、冰冻、磁、波、菌、毒，以及方位、朝向、有无、难易、长短、高下、音声、前后等，应取其对工程建筑及其特定的人类活动起居，呈友好、和谐、同频、促进作用。

3 工程设防问题

工程设防是指工程实体具备能够防御因不可控的概率事件发生而引发工程安全或工程设施功能降低的能力，比如抗震设防等。工程设防是各类工程设计和建造必须具有的内容。

工程设防到位，可以解决工程建筑寿命内，以其内在不变，抵御外在变化，比如抗滑移、抗倾覆、抗裂、抗震、防振、防洪、抗浮、抗风化、防腐、防风、防火、防水、防潮、防雨雪、防渗、防冲刷、防雷电、防溺水、防爆、防暴、防盗、防噪、防疫、防污、防噪、防磁等。工程设防是工程建设必须要回答的问题。工程设防主要是针对偶然事件做出的防备，讲概率，讲底线防护。对多遇事件和必然事件的应对，属于工程建筑正常应具备的功能，讲百分之百，讲正常使用。

针对抗震、防洪、抗浮，现有规范已有规定，而对于地基承载力设防，普遍重视不够。地下水位标高的设防，必然同步带来地基遇水强度降低，因此应当进行地基承载力设防。实际上，因地下水变化的设防，广义地说，应该是带来了包括地基承载力在内的岩土设计参数的设防问题。

岩土参数有五种值：岩土性能参数、岩土试验参数、岩土单元统计参数、岩土设计参数、岩土施工参数。

（1）岩土性能参数：指表征工程上岩土性能的岩土参数，为研究概化工程实体或受力变形单元力学模型中的岩土参数。比如滑坡中滑动面的岩土抗剪强度指标、地基变形计算中的岩土变形参数等。

（2）岩土试验参数：模拟实际情况，取样或在原位进行试验得到的岩土参数。比如三轴试验抗剪强度指标、直剪试验抗剪强度指标、现场大剪试验抗剪强度指标、十字板剪切试验抗剪强度指标等。岩土试验参数测定的目的，是要得到工程上的岩土性能指标，但受试验边界条件、试验原理以及岩土扰动性、失真性、代表性、试样（试验点）时空环境等的影响，室内外测试得到的岩土试验参数和实际工程上的岩土性能参数，是有差别的。从概念上看，岩土性能参数和岩土试验参数，在概念上也是两个概念。

（3）岩土单元统计参数：对岩土试验参数的岩土分层、分单元的数理统计值，有最小值、最大值、算术平均值、加权平均值、相应于某分位值的标准值等。这里面有不均性、变异性、代表性，也有可靠性的估计问题。

需要指正，岩土试验参数具有时间性、空间性和环境性，离开原试验测试时的特定岩土试样（测试点），其时间日期、空间位置和环境条件发生改变，岩土试验参数的数值可能会发生变化。

（4）岩土设计参数：工程设计正常计算、校核计算、工况计算等设计计算中使用的岩土参数。这里面有工程使用寿命期内的岩土参数变化预见、设防等问题，有的时候不能直接简单采用岩土试验参数值或岩土单元统计参数值。比如关于地下水，勘察时的地下水位为某一个值（其中有钻孔初见水位、静止水位，分层测量水位等学问），设计时应根据工程正常使用、抗浮、抗震等设防需要，考虑历史最高水位、最低水位，采用一个相应于某一设防标准的地下水位，如抗浮设防水位、抗震设防水位。

（5）岩土施工参数：指工程施工期间施工方案中的岩土参数。需要根据岩土试验参数、岩土单元统计参数，因地、因时制宜综合考虑后确定。

岩土参数，因岩土的区域性、不均性、变异性、非线性、随应力而变、随变形而变、随时间而变、随侧限而变、随固结而变、随扰动而变、随含水率而变等，因此对岩土参数的使用应予以高度重视，具体问题具体分析，切莫简单视之。勘察讲客观，设计讲设防，施工讲工况。

工程建筑设计，需要采用考虑设防需要的岩土设计参数。这样才能保证工程建筑中的岩土处于安全和经得起整体建筑的设防考验。

4　小结

本文从岩土工程专业角度，对工程选址、设防和建造智慧，进行了跨界探讨，并提出了岩土参数的设防理念。不妥之处，请同行指正。

岩土工程设防

【摘　要】 综述了岩土工程设防内容。

1　前言

岩土工程具有多样性，而岩土的特点又是具有不均匀性，随变形而变、遇水而变、遇冻融而变、随压力而变、随侧限而变、随结构刚度而变等。岩土工程的多样性和岩土的易变性，决定了岩土工程的设防重要性，各行各业都要给予高度重视。

2　岩土工程设防内容

目前能够认识到的岩土工程设防应至少包括：

①地震：土的液化、软土震陷；

②地下水位升降：抗浮、软化、湿陷、膨缩；

③洪水：边坡、地基、渗透破坏；

④风雪：地基失稳、不均匀沉降；

⑤温度升降：冻融、变形、失稳；

⑥近邻挖填方：地基失稳、倾斜。

岩土工程的设防，除和一般的工程设防相同外，比如抗震、防洪、抗浮等，尚具有一些特殊性。设防的概率事件发生后，岩土本身的性能往往就同步发生了改变，这一点要特别引起重视，比如，对需要做抗浮的工程结构，地下水位上升后，地基土的强度就降低了，这时应按饱和土地基承载力给予设防验算。

3　小结

做好岩土工程设防的基础是做好岩土参数的设防。各行业工程师在使用岩土工程勘察报告时，不能盲目照搬使用勘察结果，因为勘察报告揭示的是现在的岩土现状，应当对建筑物未来使用寿命内的岩土性能可能出现的变化做出预见。做好岩土工程设防，是做好整个工程设防的基础工作。

本文原载微信公众平台《岩土工程学习与探索》2020年9月10日，作者：王长科

岩土分析中的平面应力和平面应变辨析

【摘　要】 辨析了力学中的两种平面课题，给出了相关公式，对三轴试验和莫尔-库仑方程的三维受力本质给予了分析强化。

1　前言

二维平面课题是指平面应力和平面应变两种情况，是运用力学原理解决工程问题的两种简化方法。工程实践上遇到的岩土工程问题是很复杂的，因此需要对力学上的两种平面课题进行辨析，以期能更好地结合实践解决好工程问题。

2　单元体的三维应力应变回顾

（1）直角坐标系（x，y，z）

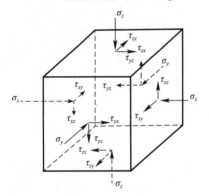

图 1　单元体的三维应力应变示意

1）单元体平衡微分方程：

$$\begin{cases} \dfrac{\partial \sigma_x}{\partial x}+\dfrac{\partial \tau_{yx}}{\partial y}+\dfrac{\partial \tau_{xz}}{\partial z}-X=0 \\[2mm] \dfrac{\partial \tau_{xy}}{\partial x}+\dfrac{\partial \sigma_y}{\partial y}+\dfrac{\partial \tau_{yz}}{\partial z}-Y=0 \\[2mm] \dfrac{\partial \tau_{xz}}{\partial x}+\dfrac{\partial \tau_{yz}}{\partial y}+\dfrac{\partial \sigma_z}{\partial z}-Z=0 \end{cases} \tag{1}$$

2）最大主应力 σ_1、σ_2、σ_3 和最大剪应力 $\tau_{\max}$ 的表达式为：

$$\begin{cases} \sigma_i^3-J_1\sigma_i^2+J_2\sigma_i-J_3=0 \quad (i=1,2,3) \\ J_1=\sigma_x+\sigma_y+\sigma_z \\ J_2=\sigma_x\sigma_y+\sigma_y\sigma_z+\sigma_z\sigma_x-\tau_{xy}^2-\tau_{yz}^2-\tau_{zx}^2 \\ J_3=\sigma_x\sigma_y\sigma_z-\sigma_x\tau_{yz}^2-\sigma_y\tau_{zx}^2-\sigma_z\tau_{xy}^2+2\tau_{xy}\tau_{yz}\tau_{zx} \\ \tau_{\max}=(\sigma_1-\sigma_3)/2 \end{cases} \tag{2}$$

3）直角坐标系应变-位移关系：

$$\begin{cases} \varepsilon_x=-\dfrac{\partial \rho_x}{\partial x},\gamma_{xy}=-\dfrac{\partial \rho_x}{\partial y}-\dfrac{\partial \rho_y}{\partial x} \\[2mm] \varepsilon_y=-\dfrac{\partial \rho_y}{\partial y},\gamma_{yz}=-\dfrac{\partial \rho_y}{\partial z}-\dfrac{\partial \rho_z}{\partial y} \\[2mm] \varepsilon_z=-\dfrac{\partial \rho_z}{\partial z},\gamma_{zx}=-\dfrac{\partial \rho_z}{\partial x}-\dfrac{\partial \rho_x}{\partial z} \\[2mm] \gamma_{ij}=\gamma_{ji} \end{cases} \tag{3}$$

本文原载微信公众平台《岩土工程学习与探索》2020 年 2 月 7 日，作者：王长科

4) 最大主应变 ε_1、ε_2、ε_3 和最大剪应变 γ_{max} 的表达式为：

$$\begin{cases} \varepsilon_i^3 - I_1\varepsilon_i^2 + I_2\varepsilon_i - I_3 = 0 \quad (i=1,2,3) \\ I_1 = \varepsilon_x + \varepsilon_y + \varepsilon_z \\ I_2 = \varepsilon_x\varepsilon_y + \varepsilon_y\varepsilon_z + \varepsilon_z\varepsilon_x - \dfrac{\gamma_{xy}^2}{4} - \dfrac{\gamma_{yz}^2}{4} - \dfrac{\gamma_{zx}^2}{4} \\ I_3 = \varepsilon_x\varepsilon_y\varepsilon_z - \dfrac{\varepsilon_x\gamma_{yz}^2}{4} - \dfrac{\varepsilon_y\gamma_{zx}^2}{4} - \dfrac{\varepsilon_z\gamma_{xy}^2}{4} + \dfrac{\gamma_{xy}\gamma_{yz}\gamma_{zx}}{4} \\ \gamma_{max} = \varepsilon_1 - \varepsilon_3 \end{cases} \quad (4)$$

5) 线弹性应力-应变关系（胡克定律）：

$$\begin{cases} \varepsilon_x = \dfrac{1}{E}\left[\sigma_x - \nu(\sigma_y + \sigma_z)\right] \\ \varepsilon_y = \dfrac{1}{E}\left[\sigma_y - \nu(\sigma_z + \sigma_x)\right] \\ \varepsilon_z = \dfrac{1}{E}\left[\sigma_z - \nu(\sigma_x + \sigma_y)\right] \\ \gamma_{xy} = \dfrac{1}{G}\tau_{xy} \\ \gamma_{yz} = \dfrac{1}{G}\tau_{yz} \\ \gamma_{zx} = \dfrac{1}{G}\tau_{zx} \\ G = \dfrac{E}{2(1+\nu)} \end{cases} \quad (5)$$

另一种表达方式：

体积应力 $\theta = \sigma_x + \sigma_y + \sigma_z$，体积应变 $\varepsilon_v = \varepsilon_x + \varepsilon_y + \varepsilon_z$

$$\begin{cases} \varepsilon_v = \dfrac{1-2\nu}{E}\theta \\ \sigma_x = \lambda\varepsilon_v + 2G\varepsilon_x \\ \sigma_y = \lambda\varepsilon_v \\ \sigma_z = \lambda\varepsilon_v + 2G\varepsilon_z \\ \tau_{zx} = G\gamma_{zx} \\ \lambda = \dfrac{\nu E}{(1+\nu)(1-2\nu)} \\ G = \dfrac{E}{2(1+\nu)} \end{cases} \quad (6)$$

式中，λ、G 为 Lame 参数；G 为剪切模量。

（2）圆柱坐标系（r，z，θ）（图2）

1) 圆柱坐标系单元体平衡微分方程：

$$\begin{cases} \dfrac{\partial\sigma_r}{\partial r} + \dfrac{1}{r}\dfrac{\partial\tau_{r\theta}}{\partial\theta} + \dfrac{\partial\tau_{zr}}{\partial z} + \dfrac{\sigma_r - \sigma_\theta}{r} = 0 \\ \dfrac{\partial\tau_{r\theta}}{\partial r} + \dfrac{1}{r}\dfrac{\partial\sigma_\theta}{\partial\theta} + \dfrac{\partial\tau_{\theta z}}{\partial z} + \dfrac{2\tau_{r\theta}}{r} = 0 \\ \dfrac{\partial\tau_{zr}}{\partial r} + \dfrac{1}{r}\dfrac{\partial\tau_{\theta z}}{\partial\theta} + \dfrac{\partial\sigma_z}{\partial z} + \dfrac{\tau_{zr}}{r} = 0 \end{cases} \quad (7)$$

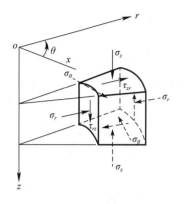

图 2　圆柱坐标系

2）圆柱坐标系单元体应变-位移关系：

$$\begin{cases} \varepsilon_r = -\dfrac{\partial \rho_r}{\partial r}, \gamma_{r\theta} = -\dfrac{1}{r}\dfrac{\partial \rho_r}{\partial \theta} - \dfrac{\partial \rho_\theta}{\partial r} + \dfrac{\rho_\theta}{r} \\[2mm] \varepsilon_\theta = -\dfrac{\rho_r}{r} - \dfrac{1}{r}\dfrac{\partial \rho_\theta}{\partial \theta}, \gamma_{\theta z} = -\dfrac{\partial \rho_\theta}{\partial z} - \dfrac{1}{r}\dfrac{\partial \rho_z}{\partial \theta} \\[2mm] \varepsilon_z = -\dfrac{\partial \rho_z}{\partial z}, \gamma_{zr} = -\dfrac{\partial \rho_z}{\partial r} - \dfrac{\partial \rho_r}{\partial z} \end{cases} \quad (8)$$

3　平面应力

平面应力是指受力都在一个平面内，在与该平面相垂直的方向上，没有约束，应力为零或可忽略。注意，与该平面相垂直的方向上的应力为零，应变不为零，变形是存在的。比如薄板的长度、宽度方向的受力变形分析，厚度方向无约束，应力为零，但厚度方向上的应变会发生，这种情况属于平面应力问题，如图3所示，直角坐标系，y 方向的正应力 $\sigma_y = 0$，剪应力 τ_{xy}、τ_{yx}、τ_{yz}、τ_{zy} 均为零（即角标涉及 y 的正应力、剪应力均为零）。

（1）莫尔应力圆（图4）

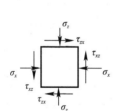

图 3　平面应力单元体受力简图

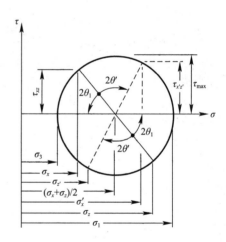

图 4　莫尔应力圆

x-z 平面内的最大主应力 σ_1、最小主应力 σ_3 和最大剪应力 $\tau_{\max}$ 的表达式如下：

$$\begin{cases} \sigma_y = 0 \\[2mm] \sigma_1 = \dfrac{1}{2}(\sigma_x + \sigma_z) + \dfrac{1}{2}\sqrt{(\sigma_x - \sigma_z)^2 + 4\tau_{xz}^2} \\[2mm] \sigma_3 = \dfrac{1}{2}(\sigma_x + \sigma_z) - \dfrac{1}{2}\sqrt{(\sigma_x - \sigma_z)^2 + 4\tau_{xz}^2} \\[2mm] \tau_{\max} = \dfrac{1}{2}\sqrt{(\sigma_x - \sigma_z)^2 + 4\tau_{xz}^2} \end{cases} \quad (9)$$

$\tau_{\max}$ 也可直接表达为：$\tau_{\max} = (\sigma_1 - \sigma_3)/2$

（2）线弹性应力-应变关系（胡克定律）

$$\begin{cases} \sigma_y = 0 \\ \varepsilon_x = \dfrac{1}{E}(\sigma_x - \nu\sigma_z) \\ \varepsilon_y = -\dfrac{1}{E}\nu(\sigma_z + \sigma_x) \\ \varepsilon_z = \dfrac{1}{E}(\sigma_z - \nu\sigma_x) \\ \gamma_{zx} = \dfrac{1}{G}\tau_{zx} \\ G = \dfrac{E}{2(1+\nu)} \end{cases} \tag{10}$$

另一种表达方式：

体积应力 $\theta = \sigma_x + \sigma_y + \sigma_z$，体积应变 $\varepsilon_v = \varepsilon_x + \varepsilon_y + \varepsilon_z$，$\sigma_y = 0$

$$\begin{cases} \varepsilon_v = \dfrac{1-2\nu}{E}\theta \\ \sigma_x = \lambda\varepsilon_v + 2G\varepsilon_x \\ \sigma_z = \lambda\varepsilon_v + 2G\varepsilon_z \\ \tau_{zx} = G\gamma_{zx} \\ \lambda = \dfrac{\nu E}{(1+\nu)(1-2\nu)} \\ G = \dfrac{E}{2(1+\nu)} \end{cases} \tag{11}$$

式中，λ、G 为 Lame 常数；G 为剪切模量。

4 平面应变

平面应变是指变形都在一个平面内，在与该平面相垂直的方向上，有刚性约束，应变为零或可忽略。注意，与该平面相垂直的方向上的应变为零，应力不为零，应力是要出现的。比如无限长挡墙、大坝的受力变形，长度方向上因轴对称处于零变形状态，变形只能发生在高度、宽度方向，长度方向有约束，应变为零，应力存在。挡墙、长距离边坡、大坝、条形基础下地基等可按平面应变问题考虑。

如图 5 所示，直角坐标系，y 方向的正应变 $\varepsilon_y = 0$，剪应变 γ_{xy}、γ_{yx}、γ_{yz}、γ_{zy} 均为零（即角标有 y 的正应变、剪应变均为零）。

（1）应变莫尔圆

x-z 平面内的最大主应变 ε_1、最小主应变 ε_3 和最大剪应力 $\gamma_{\max}$ 的表达式如下：

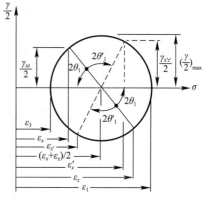

图 5 应变莫尔圆

$$\begin{cases} \varepsilon_1 = \dfrac{1}{2}(\varepsilon_x + \varepsilon_z) + \dfrac{1}{2}\sqrt{(\varepsilon_x - \varepsilon_z)^2 + \gamma_{xz}^2} \\ \varepsilon_3 = \dfrac{1}{2}(\varepsilon_x + \varepsilon_z) - \dfrac{1}{2}\sqrt{(\varepsilon_x - \varepsilon_z)^2 + \gamma_{xz}^2} \\ \gamma_{\max} = \varepsilon_1 - \varepsilon_3 \end{cases} \tag{12}$$

（2）线弹性应力-应变关系（胡克定律）：

$$\begin{cases} \varepsilon_y = 0 \\ \sigma_y = \nu(\sigma_z + \sigma_x) \\ \varepsilon_x = \dfrac{1}{E}[\sigma_x - \nu(\sigma_y + \sigma_z)] \\ \varepsilon_z = \dfrac{1}{E}[\sigma_z - \nu(\sigma_x + \sigma_y)] \\ \gamma_{zx} = \dfrac{1}{G}\tau_{zx} \\ G = \dfrac{E}{2(1+\nu)} \end{cases} \tag{13}$$

或直接写为：

$$\begin{cases} \varepsilon_y = 0 \\ \varepsilon_x = \dfrac{1+\nu}{E}[\sigma_x(1-\nu) - \nu\sigma_z] \\ \varepsilon_z = \dfrac{1+\nu}{E}[\sigma_z(1-\nu) - \nu\sigma_x] \\ \gamma_{xz} = \dfrac{1}{G}\tau_{xz} \end{cases} \tag{14}$$

另一种表达方式：

体积应力 $\theta = \sigma_x\sigma_y + \sigma_z$，体积应变 $\varepsilon_v = \varepsilon_x + \varepsilon_y + \varepsilon_z$，$\varepsilon_y = 0$

$$\begin{cases} \varepsilon_v = \dfrac{1-2\nu}{E}\theta \\ \sigma_x = \lambda\varepsilon_v + 2G\varepsilon_x \\ \sigma_y = \lambda\varepsilon_v \\ \sigma_z = \lambda\varepsilon_v + 2G\varepsilon_z \\ \tau_{zx} = G\gamma_{zx} \end{cases} \tag{15}$$

式中，λ、G 为 Lame 参数；G 为剪切模量。

$$\begin{cases} \lambda = \dfrac{\nu E}{(1+\nu)(1-2\nu)} \\ G = \dfrac{E}{2(1+\nu)} \end{cases} \tag{16}$$

5　常规三轴试验试样应力应变

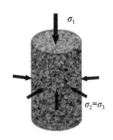

图 6　三轴试验
受力示意

土的抗剪强度指标 c、φ，通常是用三轴试验测定，因此需要研究三轴试验试样的受力状态和应力路径。按照室内常规三轴试验的受力情况，如图 6 所示，轴对称圆柱体试样的竖向应力 $\sigma_z = \sigma_1$ 为最大主应力，径向应力 $\sigma_r = \sigma_3$ 为最小主应力，属于轴对称的圆柱三维应力应变状态。不属于直角坐标系的平面应变，也不属于直角坐标系的平面应力。应力路径为先施加围压，再行施加轴向荷载直至试样破坏，即从 $\sigma_z = \sigma_r = \sigma_\theta$ 开始，σ_r 保持不变，σ_z 逐渐增加，最终到达 $\sigma_1 = \sigma_z$，$\sigma_3 = \sigma_r$。

（1）轴对称圆柱坐标系，单元体平衡微分方程：

$$\begin{cases} \dfrac{\partial \sigma_r}{\partial r} + \dfrac{\partial \tau_{zr}}{\partial r} + \dfrac{\sigma_r - \sigma_\theta}{r} = 0 \\ \dfrac{\partial \tau_{zr}}{\partial r} + \dfrac{\partial \sigma_z}{\partial z} + \dfrac{\tau_{zr}}{r} = 0 \end{cases} \tag{17}$$

（2）轴对称圆柱坐标系，单元体应变-位移关系：

$$\begin{cases} \varepsilon_r = -\dfrac{\partial \rho}{\partial r}, \gamma_{r\theta} = 0 \\ \varepsilon_\theta = -\dfrac{\rho_r}{r}, \gamma_{\theta z} = 0 \\ \varepsilon_z = -\dfrac{\partial \rho_z}{\partial z}, \gamma_{zr} = -\dfrac{\partial \rho_z}{\partial r} - \dfrac{\partial \rho_r}{\partial z} \end{cases} \tag{18}$$

（3）轴对称圆柱坐标系，线弹性应力-应变关系（胡克定律）：

$$\begin{cases} \varepsilon_r = \dfrac{1}{E}\left[\sigma_r - \nu(\sigma_\theta + \sigma_z)\right] \\ \varepsilon_\theta = \dfrac{1}{E}\left[\sigma_\theta - \nu(\sigma_z + \sigma_r)\right] \\ \varepsilon_z = \dfrac{1}{E}\left[\sigma_z - \nu(\sigma_r + \sigma_\theta)\right] \end{cases} \tag{19}$$

6 莫尔-库仑强度准则应力状态

莫尔-库仑方程是土的破坏准则，认为土的强度破坏与中主应力 σ_2 无关，主要取决于大主应力 σ_1、小主应力 σ_3 及土的强度参数（c、φ），如图 7 所示。

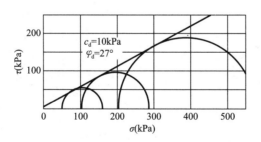

图 7　莫尔-库仑包线

莫尔-库仑方程：

$$\sigma_1 = \sigma_3 \tan^2\left(45° + \frac{\varphi}{2}\right) + 2c\tan\left(45° + \frac{\varphi}{2}\right) \tag{20}$$

或以下表达形式：

$$\begin{cases} \dfrac{\sigma_1 - \sigma_3}{2} = c\cos\varphi + \dfrac{\sigma_1 + \sigma_3}{2}\sin\varphi \\ \sigma_3 = \sigma_1 \tan^2\left(45° - \dfrac{\varphi}{2}\right) - 2c\tan\left(45° - \dfrac{\varphi}{2}\right) \end{cases} \tag{21}$$

7 小结

　　岩土工程问题比较复杂，运用力学上的两个平面课题解答分析岩土问题时，要格外注意，垂直于该平面（x-z）的法向方向上（y方向）的应力（平面应变）、应变（平面应力）的存在，这样在研究解决岩土稳定、变形问题时，才能更好地反映岩土受力变形的实际情况。

参考文献

［1］ Poulos H G，Davis E H. Elastic solutions for soil and rock mechanics ［M］. New York：John Wiley and Sons，Inc.，1974.

［2］ 王长科. 工程建设中的土力学及岩土工程问题——王长科论文选集［M］. 北京：中国建筑工业出版社，2018.

岩土环境工程概念辨析

【摘　要】　阐述了岩土环境工程的概念。

环境从大的方面分为社会环境和自然环境，自然环境分为气候环境、地理环境和生态环境。地理环境分为地质环境、土地环境、水土环境、动植物环境、文化遗产、矿藏环境等。

随着环境问题的日益重要，将岩土作为环境介质来看待，进行岩土的勘察、检测、监测及其开发、治理和保护，即岩土环境工程，已经成为广义岩土工程学科的重要内容。

岩土是有孔隙的四相体：岩土颗粒、孔隙水、孔隙气和孔隙外来物（如污染物等）。岩土介质源于地质体，其孔隙和阳光、风、水、空气、污染物发生联系，因此，岩土环境工程涉及地质环境问题、土壤环境问题、水环境问题、气候环境问题、风水环境问题、水土环境问题、污染岩土环境问题、动植物生长环境问题等，应该说岩土环境工程，是一门覆盖面宽，横跨多学科的交叉科学。

如此看来，岩土环境工程分类有三种：（1）岩土环境稳定类，如地质灾害防治、边坡治理、库岸治理、水土保持；（2）岩土环境生态类，如废旧矿山治理、土地整理、沙漠固沙、盐碱地治理、岩土景观；（3）岩土环境污染治理类，如尾矿库治理、污染土治理、固体垃圾处理、土壤修复、生态修复、地面扬尘治理等。

另外需说明，岩土环境和环境岩土的关系，二者之中都有环境和岩土字眼，只是顺序位置不同。从汉语角度看，岩土环境的落脚点是环境，而环境岩土的落脚点是岩土。二者既相联系，又相区别。环境岩土工程属岩土工程的范畴，岩土环境工程属环境工程范畴，二者区别点是，前者将岩土体作为建设对象、建筑材料、建筑介质，比如地基、边坡、隧道、堤坝等，后者将岩土作为环境介质，比如山川、耕地、林地、绿地、湿地、草原等。

城墙、窑洞、石窟、石桥、土石建筑、石刻、泥塑等涉及岩土为主的岩土文化遗产，是将岩土作为文化载体介质的一种岩土文化工程，防风化、防碳化、防腐蚀、防蚁穴、防损伤、防坍塌、修复、加固、迁移是当前的热点问题。

由此看来，岩土在建设、环境、文化等领域均承载了重要作用，广义的岩土工程应包括岩土工程及岩土环境工程、岩土文化工程。

万物承载于地，岩土环境工程在未来社会发展中，必将发挥重要作用。

本文原载微信公众平台《岩土工程学习与探索》2019 年 11 月 7 日，作者：王长科

关于岩土工程和岩土环境工程

【摘　要】　阐述了岩土工程、环境岩土工程和岩土环境工程的含义，提出环境岩土工程属于岩土工程的范畴，岩土环境工程属于环境工程和岩土工程的交叉范畴。岩土工程和岩土环境工程既相联系，又相区别。

1　前言

各类工程中的岩土工程技术发展很快，岩土工程的业务范围随之不断扩大。在未来一个时期，防灾减灾工程、环境工程、生态工程、遗产保护工程等，将和岩土工程的关系越来越密切，从而诞生出岩土环境工程、岩土遗产保护工程等交叉性学科。

本文将阐述岩土工程、环境岩土工程、岩土环境工程三者的联系和区别，提出环境岩土工程仍属于岩土工程的范畴，岩土环境工程属于环境工程和岩土工程的交叉范畴。不妥之处，请专家学者指正。

2　关于岩土工程

岩土工程（Geotechnical Engineering）是关于各类工程中的岩石、土和地下水治理的部分，主要业务有地基、地基处理、基础、基坑及地下工程、边坡防护、滑坡治理、土工建筑物、土工合成材料工程应用、岩土地震工程等，这些就是岩土工程的传统业务。岩土工程的目标是工程建设。

岩土工程不是一个独立的工程建设行业，而是存在于各行业工程中的一个重要组成部分，比如建筑工程中的岩土工程，水利工程中的岩土工程、道路工程中的岩土工程等。因各行业工程中的岩土工程具有相通性，故岩土工程就成了一个相对独立的工程技术行业。

3　关于环境岩土工程

环境岩土工程（Environmental Geotechnology）一词，源自 1986 年 4 月美国理海大学土木系美籍华人方晓阳教授主持召开的第一届环境岩土工程国际学术研讨会，并在其"Introductory Remarks on Envionmental Geotechnology"论文中，将环境岩土工程定位为"跨学科的边缘科学，覆盖了在大气圈、生物圈、水圈、岩石圈及地质微生物圈等多种环境下土和岩石及其相互作用的问题"，即主要是研究在不同环境周期（循环）作用下水土系统的工程性质。

本文原载微信公众平台《岩土工程学习与探索》2018 年 9 月 7 日，作者：王长科

从目前环境岩土工程的发展看，环境岩土工程是研究应用岩土工程的概念和方法进行环境保护的一门学科。内容大致可以分为三类：（1）大环境问题，用岩土工程的方法来抵御由于天灾引起的环境问题。例如，抗沙漠化、洪水、滑坡、泥石流、地震、海啸等。（2）环境卫生问题，用岩土工程的方法抵御由于各种化学污染引起的环境问题，例如，城市各种废弃物的处理、污泥的处理等。（3）人类工程活动引起的一些环境问题，例如打桩出现挤土、振动、噪声等对周围居住环境的影响；深基坑开挖时降水等。

从以上看出，环境岩土工程虽然和环境有关系，但其是环境工程中的岩土工程部分，因此仍属于岩土工程范畴。

4 关于岩土环境工程

环境问题主要是围绕人类健康和生态的环境污染、环境稳定问题。环境工程（Environmental Engineering）则是防治环境污染和提高环境质量的工程技术。

环境工程分为：水环境工程、岩土环境工程、大气污染防治工程、固体废物的处理和利用、环境污染综合防治、环境系统工程等。

岩土环境一词，和水环境、大气环境、生态环境等一样，属于环境的一种类型。

岩土环境工程是环境工程中关于岩土介质环境的部分。岩土环境问题有：岩土污染（土壤污染、废弃物污染、尾矿污染等）、岩土有害气体（瓦斯、氡气、沼气等）、固体垃圾、污泥、岩土环境振动（工业振动、地铁振动、打桩振动等）、岩土环境稳定（滑坡、采空区、岩溶、塌陷、地裂缝、崩塌落石、泥石流、黄土湿陷、软土震陷、地面隆起等）、扬尘、雾霾、沙漠化、水土流失。

岩土环境工程（Geoenvironmental Engineering）和岩土有关系，主要研究解决岩土介质的环境属性问题，同时也研究解决岩土介质环境中的工程属性问题，属于环境工程和岩土工程的交叉范畴，如图1所示。

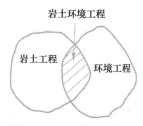

图1 岩土环境工程范围

美国 ASCE 刊物《Journal of Geotechnical and Geoenvironmental Engineering》（《岩土工程和岩土环境工程学报》），是1997 年从《Journal of Geotechnical Engineering》（《岩土工程学报》）更名而来，反映了美国岩土工程的发展历程。作者认为，有学者将其中的 Geoenvironmental Engineering 翻译为"环境岩土工程"是不合适的，从业务内容看，如前所述，将 Geoenvironmental Engineering 翻译为"岩土环境工程"比较合适。

环境岩土工程是指环境工程中的岩土工程，仍属于岩土工程的范畴；岩土环境工程是环境工程中涉及解决岩土介质环境问题的工程，属于环境工程和岩土工程的交叉范畴。这些名词术语的命名与使用，从业务范围看，从语言角度上说，应当予以重视。

参考文献

[1] 顾宝和. 浅谈岩土工程的专业特点 [J]. 岩土工程界，2007（1）：19-23.
[2] 刘松玉，詹良通，胡黎明，杜延军. 环境岩土工程研究进展 [J]. 土木工程学报，2016（3）：6-30.
[3] 白彦光，武胜忠，彭彦彬，祝日雄. 环境岩土工程的内容和特点 [J]. 太原理工大学学报，2003（1）：102-106.

第二篇
工程勘察

关于地下水位抗浮设防中的几个岩土问题

【摘　要】 指出了地下水位抗浮设防中的几个岩土工程问题。

地下水位是常年变化的，勘察时和工程施工时的地下水位很可能和工程建成后的地下水位不一致，如果以后的地下水位上升，这时在工程设计上就有一个地下水位抗浮设防问题。

地下水位抗浮设防设计，按目前的做法是给出一个地下水位的抗浮设防水位，工程设计按此水位进行抗浮结构设计。这里面就涉及以下几个岩土问题：

（1）抗浮设防水位的给出，除了按照水文地质分析给出的相应于一定概率的一个地下水位深度值之外，一定要考虑这是一个区域性问题，或者准确地说，这是一个水文地质单元问题，除了水文地质分析之外，尚应结合社会发展水平确定。应该说，未来地下水位，不是越深越好，也不是越浅越好，而应该是有一个最佳的深度值。水位值太浅了，影响人类的正常活动，也容易引起土地盐碱化、大量的建筑地基软化。水位值太深了，不方便人类开展活动。

（2）过去勘察比较重视给出历年地下水位最高值，但实际应用过程中水位有五个值，一是历年地下水位最高值，二是历年地下水位最低值，三是勘察时的地下水位值，四是地下水位抗浮设防值，五是地下水位抗震设防值。提到设防值，给出一个值可能是不合适的，应该给出两个值，一个是正常使用状态下的设计设防，一个是在非常情况下的校核设计设防，就像大坝防洪设计一样，其设防标准有百年设计、千年校核。

（3）几个地下水位值的存在，说明在未来地基使用过程中，地下水位是变化的。在地下水位变幅的深度范围内，地基可能软化。勘察取样室内试验、原位测试、试桩要考虑这些因素。

另外，和地下抗浮设防水位相关的还有地下室防水水位，这个水位也同样重要。

抗浮设防水位对工程的安全性和经济性影响巨大，国家标准对设防水位确定的规定是原则性和指导性的，因而地下工程抗浮设防水位的确定就成了十分复杂和棘手的问题。

本文原载微信公众平台《岩土工程学习与探索》2019 年 10 月 12 日，作者：王长科

岩土工程勘察报告的特性

【摘　要】　总结了岩土工程勘察报告应具有的 15 个特性。

　　岩土工程勘察报告是对勘察工作的总结，报告的正确与否直接关系到工程设计和项目施工的安全、成本及质量。因此，岩土工程勘察报告应正确评价场地条件、岩土地层及特殊问题，为设计和施工提供合理适用的建议，为此，编制岩土工程勘察报告时，要特别注意以下 15 个特性。

　　(1) 针对性：勘察是有条件的，是针对特定的勘察条件进行的。勘察条件包括场地位置、工程条件、建设目的、勘察技术要求、执行的技术标准。其中工程条件是指环境条件（周边环境荷载分布、建筑物和管线的变形限制等）；设计条件（建筑方案、带地形图的建筑平面布置图、荷载大小和分布、基底压力和变形限制、建筑平面和周边环境的关系图、勘察技术要求等）；施工条件（工艺工法、场地布置、主裙楼施工方案）；运营条件（荷载堆放布置等）；远期改造计划条件等。勘察不是一劳永逸的，勘察报告提交后，勘察条件发生变化，应进行补充勘察，甚至重新进行勘察。

　　(2) 基础性：岩土工程勘察是工程设计的基础、起始，非常重要。先勘察、后设计、再施工才是正确的顺序。

　　(3) 真实性：现场勘察过程、资料数据要保证真实。

　　(4) 资料性：资料翔实，图表齐全，需要的材料都有。

　　(5) 科学性：科学试验、科学分析，数据、结论、建议均有科学依据。

　　(6) 实用性：勘察报告的内容编排要简洁、有用、有效、便查、便用。

　　(7) 安全性：结论和建议具有安全性。

　　(8) 规范性：抗震评价、湿陷性处理建议、数据统计给出参数建议值、最终的岩土工程方案建议，一切工作内容要符合法规、规范的要求。

　　(9) 时效性：勘察是有时效的。比如有的场地是农田的时候，未见湿陷性，但后来改为硬化地面 2 年后，再勘察发现具有湿陷性了。注意，湿陷性除具有不均匀性、随压力而变、随含水量而变之外，还具有可消除性、可恢复性。再就是，注意地下水的季节性、时间性。

　　(10) 预见性：勘察得到的是当期现在的地质条件，而勘察报告是给设计提供的，适用于未来工程全生命周期，因此勘察结论和建议一定要慎重，考虑周全。

　　(11) 先进性：手段先进，查清、查明、查准。数据分析、对比方法先进，建议的岩土工程方案是最优的。

本文原载微信公众平台《岩土工程学习与探索》2017 年 10 月 24 日，作者：王长科

（12）可靠性：工程地质勘察数据的可靠性，对勘察成果的精度和水平影响巨大，从而进一步影响到工程建设合理性、经济性和安全性。

（13）指导性：勘察为设计提供资料，同时还要就勘察的感受，提出见解，为设计提供指导性建议。

（14）局限性：勘察报告是有局限性的，比如钻孔之间的地层是不清楚的，需要开槽验槽，或遇到问题时，一定要告诉甲方安排做补充勘察。前面说的针对性，也是表明局限性的一部分。勘察报告最后一个章节，一定要写"勘察报告使用说明"，把局限性讲清楚。

（15）法律性：勘察报告是具有法律性的文件，报告编写人要承担法律责任。

岩土工程勘察报告编写人应树立"勘察报告不是给自己看，而是给别人用的"意识；加强对相关规范、标准、规定的学习；加强分析评价的针对性，详细调查、分析和解决工程中可能遇到的岩土工程问题。

参考文献

[1] 沈小克，韩煊，周宏磊，孙保卫. 岩土工程在可持续发展中的新使命［J］. 工程勘察，2013（4）：1-8.

岩土工程勘察报告使用须知

【摘　要】　岩土工程勘察具有本质上的特定性、探索性、抽样估计性和时间性，综述了使用岩土工程勘察报告时用户应知悉的事项。

岩土工程勘察报告是基于一定的岩土工程勘察条件（勘察任务，工程位置，工程方案及地坪条件，荷载形式、布置、深度及大小，工程使用要求，现场岩土条件，水条件及周边环境条件，勘察时间等），因地制宜，对勘察对象进行现场踏勘、地质调绘、一定数量原位测试和钻孔（探井、探槽）取样鉴别及室内试验，经解译、综合分析和论证编制而成。受岩土的成因复杂性、不均匀性、随允许变形而变、随湿度而变、随地下水升降而变、随温度而变、随承压时间而变、随侧限而变、随侧压而变，以及人类活动影响，岩土工程勘察具有本质上的特定性、探索性、抽样估计性和时间性，故岩土工程勘察报告中应提醒用户知悉下列事项：

（1）岩层的产状是根据地表测试及钻孔测试得到，离开测点的岩层产状可能和勘察结果不一样。

（2）地层分布是根据钻孔揭露测试结果得到，钻孔之间的地层和勘察结果可能不一样。

（3）地下水和岩土试验参数是根据勘察时刻钻孔位置的测试结果得到，离开勘察时刻钻孔位置的地下水及岩土试验参数，和勘察结果可能不一样。

（4）水和土的腐蚀性评价是根据勘察时刻水土试样的试验结果得到，离开勘察时刻水土试样的水土腐蚀性，和勘察结果可能不一样。

（5）岩土工程方案及岩土设计施工参数（地基基础方案、岩土治理方案、施工工艺方案、岩土地震防护方案、岩土保护方案、岩土开挖支护方案、岩土物理力学参数标准值、地基承载力、岩土层变形参数、桩参数、锚固参数、土钉参数、注浆参数、地下水正常设计水位、地下水抗浮设防水位、地下水抗震设防水位、腐蚀性、冻结性、湿陷性、胀缩性、地震效应、环境振动等），是根据当次岩土工程勘察结果和岩土试验成果，通过针对性分析论证得到，适用于当次岩土工程勘察。如岩土工程勘察条件发生变化（包括时间），应对原岩土工程勘察报告的适用性进行复核，并酌情进行补充勘察，或重新进行岩土工程勘察。

（6）岩土开挖及施工期间，发现不良地质、水或岩土性质与岩土工程勘察报告不一致时，应进行补充勘察或岩土工程施工勘察。

岩土工程勘察是开展各阶段工程建设（规划、设计、施工、运维）的前置工作，属事前对工程建设地址的岩土工程信息查看、探测、把脉、诊断事项，不能一劳永逸，事

本文原载微信公众平台《岩土工程学习与探索》2020年4月6日，作者：王长科

中应逐阶段开展深化、细化勘察，并随岩土利用、治理和保护的工作深入，同步做好观察、监测和检测，贯穿岩土工程全过程，诊疗一体化、信息化，发现问题随时进行补充勘察、专项勘察，最终做到实事求是、科学建设、保护环境，并注意不断总结经验和规律。

关于粉土的特殊性

【摘　要】　列出粉土的特殊性和工程注意事项，建议将粉土列为特殊土进行研究和经验积累。遇到软弱粉土地基处理，建议优先考虑管桩复合地基或管桩基础方案。

土壤质地中含有较多粉粒的粒组。按我国土壤质地分类标准，砂粒（0.05～1.00mm）含量小于20％、粉粒（0.01～0.05mm）含量大于40％、细黏粒（小于0.001mm）小于30％的粒组为粉土。粉土特点是干燥时极易散落，潮湿时略有黏性，但不能搓成土条或土球，过分潮湿则成流体状。粉土强度较低，易被流水冲蚀，毛细管水上升高度较大，极易出现冻胀现象。粉土是介于黏性土和砂土之间的一种土，在我国广泛分布，按照现行国家标准划分：

《岩土工程勘察规范》GB 50021—2001（2009 年版）的土分类定义，粒径大于0.075mm 的颗粒质量不大于总质量的50％，且塑性指数 I_P 小于等于 10 的土定为粉土。

《土的工程分类标准》GB/T 50145—2007 中定义的粉土，如图 1 所示。图中 A 线之下的 M 土，又分为高液限粉土 MH 和低液限粉土 ML。其中，液限标准采用了碟式液限仪或 17mm 液限。目前我国建筑领域一直沿用引进的苏联标准，采用的液限标准是 10mm 液限，二者经验关系如图 2 所示（详细参见石家庄铁道大学舒玉、叶朝良、李向国 1999 年发表的文章）。为方便对比，图 1 中 17mm 液限（$I_P=7$），相当于 10mm 液限（$I_P=10$）。

我国土分类的国家标准主要是上述两个标准，其他水利、建筑、铁路、公路、港口等行业，基本均引自上述两个标准。

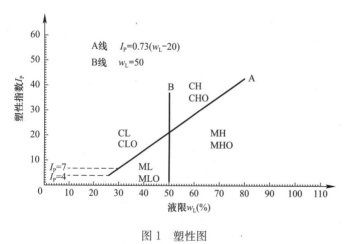

图 1　塑性图　　　　　　　图 2　17mm 液限与 10mm 液限之间的经验关系

本文原载微信公众平台《岩土工程学习与探索》2017 年 12 月 17 日，作者：王长科

1 粉土的特殊性

（1）颗粒组成的特点：粉土的组成，除了冲洪积粉土的颗粒级配比较连续外，在工程实践上，还经常见到很多级配不连续的粉土，砂粒、黏粒含量比较多。粉土中的粉粒是主体成分，粉粒是指直径为 0.005～0.075mm 的土颗粒，介于砂粒和黏粒之间，据报道，粉粒呈团粒结构的比较多，遇水分散，失水凝聚。

（2）过去研究粉土给予的重视程度是不够的，历史上曾将土分为无黏性土、黏性土，把粉土归类为黏性土，后来才逐渐将粉土单列一类进行研究。实际上，截至现在，粉土的特殊仍未引起足够重视。

（3）粉土吸力：基质吸力通常是描述非饱和土的力学性质的重要参数，水土特征曲线即基质吸力与土壤含水率的关系的曲线，是描述基质吸力的重要指标。非饱和粉土的基质吸力具有明显的不稳定性。

（4）黄土湿陷性：按照粉土划分标准，黄土大多数属于粉土，具有结构强度和湿陷性。湿陷性是土的一种特殊性。

（5）振动液化：饱和粉土存在液化可能性，需要判定。最近几年的 CFG 桩复合地基的推广应用发现，饱和粉土甚至是一定饱和度的非饱和粉土，几乎都存在施工振动液化现象，因而粉土成为 CFG 桩施工质量难以保障的地层。

（6）黏聚力 c 值的不稳定性，与含水量息息相关，粉土含水量的变异性往往比较高。

（7）高透水性。不少基坑降水引起坑周围环境下沉的原因，就是粉土的透水性远超出了勘察报告的估计。

（8）突涌。基坑管涌，逐渐引发突涌。

（9）水稳性差，作为路基填料，浸水后土颗粒间几乎没有粘结力，摩阻力也极小，雨期极易产生边坡冲刷和滑塌。

2 建议

（1）粉土的性质介于砂土和黏性土之间，经验积累还少，掌控其性质经常超出已知理论。建议将软弱粉土，和软土一样，列为特殊土，以引起进一步重视，进行研究和经验积累。

实际上，红土、黄土、盐渍土等特殊土，属于区域性土，而软土、软弱粉土、污染土等，从性质看，属于特殊土。

（2）对于软弱粉土，要充分评估其施工振动液化的可能性，选择 CFG 桩工艺，在没有可靠措施时，要慎重。对高饱和度的粉土地层，建议不再优先选择 CFG 桩复合地基，要改为管桩基础或管桩复合地基。

（3）路基、路堤填料的选择尽量不选粉土。

（4）基坑地下水治理遇到粉土时，要加强多手段测试和研究。

浅议基质吸力

【摘　要】　阐述了基质吸力的本质，就工程应用提出建议。

1　前言

非饱和土的基质构成有土粒、水和空气，因此土中除存有孔隙水压力之外，尚有孔隙气压力。三相土中，土粒或土团粒被水膜包围着，之外为空气。在孔隙水和孔隙气的界面上，水具有表面张力，因此孔隙水压力和孔隙气压力二者数值不相等，当孔隙水压力小于孔隙气压力时，二者的差值称为基质吸力。

本文就土的基质吸力进行基本知识回顾，对其工程特性和工程应用建议进行表述。

2　水的表面张力基本知识回顾

（1）浸润和不浸润

在洁净的玻璃板上放一滴水银，它能够滚来滚去而不附着在玻璃板上，这种液体不附着在固体表面上的现象叫作不浸润。对玻璃来说，水银是不浸润液体。

在洁净的玻璃上放一滴水，它会附着在玻璃板上形成薄层，这种液体附着在固体表面上的现象叫作浸润。对玻璃来说，水是浸润液体。

同一种液体，对一种固体来说是浸润的，对另一种固体来说可能是不浸润的。

（2）水面和水银面现象

把水装在玻璃管里，由于水浸润玻璃，玻璃管壁附近的液面向上弯曲。把水银装在玻璃管里，由于水银不浸润玻璃，玻璃管壁附近的液面向下弯曲。在内径较小的容器里，这种现象更显著，液面形成凹形或凸形的弯月面。

（3）黏聚力和附着力

一切物质分子间都存在吸引力。同一种类物质分子间的吸引力称之为黏聚力。不同物质分子间的吸引力称之为附着力。

（4）水的表面张力

水分子是不断作布朗运动的，水分子间互相存在吸引力，分子间的距离越小，吸引力就越大，这就是水的黏聚力。水分子的这种黏聚力在水表界面上的作用就使得水表界面（其厚度只有水分子直径的数量级）自动收缩的现象称为水表面张力。

水表面张力 f（计量单位为 N）的计算表达式：

$$f = \alpha \cdot l \tag{1}$$

本文原载微信公众平台《岩土工程学习与探索》2018年10月1日，作者：王长科

式中，α 为表面张力系数（N/m）；l 为液面边界的长度（m）。据报道，温度为 19.7℃的纯水的表面张力系数标准值为 0.07280N/m。

水面张力系数数值大小的影响因素有：水的基质组成、温度、压力等。

（5）毛细管水上升高度

土中孔隙连通一起形成复杂的毛细管体系，当土的含水量逐渐增大，超过最大分子持水量的那部分水，在水表面张力作用下，会沿土中毛细管上升到一定高度，即毛细管水上升高度。毛细管水能传递静水压力。毛细管水上升高度理论公式为：

$$h = \frac{2f\cos\theta}{\rho gr} \tag{2}$$

式中，h 为毛细管水上升高度；f 为水表面张力；θ 为接触角；ρ 为水的密度；g 为重力加速度；r 为毛细管半径。

按照式（2）也可反算水面张力。按照林宗元主编《岩土工程勘察设计手册》（第一版），不同土类的毛细管水上升高度见表1。

不同土类的毛细管水上升高度　　　　　　　　　　表 1

岩土名称	毛细管水上升高度 H_c(cm)
粗砂	2～4
中砂	12～35
细砂	35～120
粉砂	70～150
粉土	120～150
粉质黏土	300～350
黏土	500～600

3　基质吸力特性及其工程意义

基质吸力随土的饱和度增加而减小，从理论上看，对干土和饱和土，土中吸力为零。对广大的非饱和土来说，吸力都是存在的。

对非饱和土，如突遇降雨或浸水，引起快速饱和，基质吸力就会出现快速下降甚至消失，这就是某些滑坡会突然凸显的原因之一。由此可见，研究非饱和土的基质吸力特性具有重要的工程意义。

基质吸力的实质，是土粒周围薄膜水相对于孔隙气压力而言形成的负压。基质吸力随含水量的变化规律称为水-土特征曲线，吴俊杰、王成华和李广信发表的论文中给出了一个水-土特征曲线，如图1所示。

目前，国内外一般采用弗雷德隆德（Fredlund）和摩根斯坦（Morgenstern）提出的非饱和土的强度理论为计算的理论基础。弗雷德隆德提出的双参数模型为：

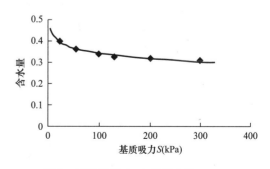

图 1　试验所得土-水特征曲线

$$\tau' = c' + (\sigma_f - u_a)_f \tan\varphi' + (u_a - u_w)\tan\varphi^b \tag{3}$$

式中，c' 为土的有效黏聚力；$(\sigma_f - u_a)_f$ 为有效法向应力；φ' 为土的有效内摩擦角；$(u_a - u_w)$ 为基质吸力；φ^b 为吸力内摩擦角。

非饱和土中基质吸力的存在，改变了内摩擦角和黏聚力，还有法向应力。前者的改变值可分别称为吸力内摩擦角、吸力黏聚力。

土，尤其是非饱和土，抗剪强度的机理十分复杂，吸力的存在应当引起工程师的高度重视。

4　分析和建议

非饱和土的基质吸力是客观存在的，一方面，应当进一步研究，另一方面，吸力不是一个土的固有参数，具有不稳定性，与含水量、压力、温度息息相关。从大量的剪切试验（直剪试验、三轴试验）结果看，非饱和土的莫尔-库仑强度包线呈线性，这足以说明，在进行岩土工程设计时，非饱和土的抗剪强度理论采用莫尔-库仑理论（c、φ）可行。

众所周知，进行岩土工程设计，荷载计算讲组合，抗力计算讲工况。作者认为，精准解释、研究岩土现象时，考虑吸力将发挥重要作用。而设计时，考虑岩土工程的全生命周期、不同工况的适应，不宜再细分考虑吸力，仍采用莫尔-库仑强度理论，直接依据相应于设计含水量的土的剪切试验结果进行综合确定。

参考文献

[1]　林宗元. 岩土工程勘察设计手册 [M]. 沈阳：辽宁科技出版社，1996.
[2]　吴俊杰，王成华，李广信. 非饱和土基质吸力对边坡稳定的影响 [J]. 岩土力学，25（5）：732-736，744.

浅议岩土参数和岩土性质

【摘　要】　分析了岩土参数和岩土性质的关系，建议对于抗剪强度、压缩模量、变形模量、湿陷系数和地基承载力等，除应获取岩土参数外，尚应得到完整的性质曲线，以便更加准确把握岩土的工程性质。

1　前言

当前，岩土工程勘察的一个重要任务，就是要测试给出岩土参数，从而方便工程设计、施工使用。应该说岩土参数是工程师比较熟悉的，比如土的相对密度、孔隙比，甚至压缩模量、抗剪强度指标等，但是认真考究之后就会发现，岩土的参数有时候并不能完全代表岩土性质，因此，在岩土工程勘察中，描述和评价岩土体时，有些性质用参数表达即可，有些性质除应正常提供参数外，尚应给出性质曲线，甚至性质反应谱，以期做出更加科学合理的设计。

2　岩土参数

按照汉语和英语词典的解释，参数、系数、常数和指标的内涵不是完全相同的。在岩土领域，无论相对密度、密度，还是塑性指数、渗透系数、土压力系数、抗剪强度指标、地震动参数等，这些不同叫法，基本上都属于参数、指标的内涵范畴，都是表达岩土性质的一种数据化的特征、表征、标识或性质表达。

岩土参数分为物理参数、热物理参数、水力参数、化学参数、微生物参数、强度参数、变形参数、原位测试参数、弹性波参数、地微振参数、地震动参数、导电参数、导磁参数、放射性参数、工程性能参数等。

土参数：含水量、相对密度、质量密度、重力密度、干密度、孔隙比、孔隙率、饱和度、液限、塑限、缩限、塑性指数、液性指数、含水比、活动度、界限粒径、平均粒径、中间粒径、有效粒径、不均匀系数、曲率系数（级配系数）、最大干密度、最小干密度、相对密实度、最优含水量、渗透系数、热物理参数、压缩系数、压缩模量、固结系数、压缩指数、回弹指数、次固结系数、先期固结压力、无侧限抗压强度、黏聚力、内摩擦角、承载比（CBR）、湿陷系数、自重湿陷系数、湿陷起始压力、自由膨胀率、有荷/无荷膨胀率、膨胀力、线缩率、体缩率、收缩系数、动弹性模量、动剪变模量、动阻尼比、动强度、pH 值、易溶盐总量、HCO_3^-、Cl^-、SO_4^{2-}、Ca^{2+}、Mg^{2+}、Na^+、K^+、$CaSO_4 \cdot 2H_2O$、钙、镁碳酸盐、有机质含量。

本文原载微信公众平台《岩土工程学习与探索》2019 年 11 月 8 日，作者：王长科

岩石参数：颗粒密度、块体密度、孔隙率、吸水率、饱和吸水率、饱和系数、耐崩解性指数、径向自由膨胀率、轴向自由膨胀率、抗压强度、软化系数、抗拉强度、约束膨胀率、膨胀压力、抗剪强度、黏聚力、内摩擦角，平均变形模量、线变形模量、平均泊松比、割线泊松比、点荷载强度。

原位测试参数：地基承载力、变形模量、基床系数、比贯入阻力、锥尖阻力、侧摩阻力、标准贯入试验锤击数、动力触探试验锤击数、旁压模量、极限压力、临界压力、弹性波速、卓越周期、电阻率。

3 岩土性质

岩土性质是指岩土的质地、属性和行为。可以分为固有性质和行为性质。固有性质主要是其物理性质和力学性质中那些偏重于自身固有的一些性质。行为性质是指与环境情况相关联的性质，不是自身固有的、固定不变的性质，比如地基承载力，就与允许变形有关，不是地基的固有性质，是地基基础共同作用的结果。

4 岩土参数和岩土性质的关系

对于岩土的质地、属性等固有性质，可以用岩土参数来表征，岩土参数就代表了岩土性质。对于岩土的行为性质，仅用岩土参数来表征是不够的，应当用完整的曲线甚至是反应谱来表征，比如：载荷试验曲线、压缩曲线、湿陷系数曲线、三轴试验曲线等。

5 小结

正确处理岩土参数和岩土性质的关系，准确获取岩土的工程性质对工程建设很重要。建议对于抗剪强度、压缩模量、变形模量、湿陷系数和地基承载力等，除应获取岩土参数外，尚应得到完整的性质曲线，以便更加准确把握岩土的工程性质，为工程建设做好服务。

参考文献

[1] 高大钊. 土力学与基础工程 [M]. 北京：中国建筑工业出版社，1998.

岩土参数标准值的本质

【摘　要】　回顾了随机变量的几个重要概率分布，探索了岩土参数标准值的本质，提出岩土参数是随机变量又是非随机变量，对岩土参数的统计分析和最小样本数量提出见解。

1　前言

对岩土参数进行分析评价，是岩土工程师的一项重要任务。参数评价之前要进行数理统计，数理统计的基本任务是要给出该参数的平均值、变异系数和标准值。之后，由岩土参数经综合考虑升华为设计参数，再进行岩土工程设计。本文对岩土参数标准值的内涵实质进行分析，进而提出设计取值建议。

2　随机变量的概率分布回顾

（1）正态分布

设随机变量 X 服从正态分布，其概率密度函数为：

$$f(x) = \frac{1}{\sigma\sqrt{2\pi}} e^{\frac{(\mu-x)^2}{2\sigma^2}}, -\infty < x < +\infty \tag{1}$$

累积概率分布函数（随机变量 $X<x$ 的概率）表达式为：

$$F(x,\mu,\sigma) = \frac{1}{\sigma\sqrt{2\pi}} \int_{-\infty}^{x} \exp\left[-\frac{(x-\mu)^2}{2\sigma^2}\right] dx \tag{2}$$

式中，μ、$\sigma^2 > 0$ 为常数；μ 为均值（又称数学期望值或简称期望值）；σ^2 为方差；σ 为标准差（又称均方差）。

随机变量 X 服从参数为 μ、σ^2 的正态分布，表达式为：

$$X \sim N(\mu,\sigma^2) \tag{3}$$

对于正态分布，期望值 μ（又称均值）决定了其位置，标准差 σ 决定了分布的幅度。随机变量的几个重要取值区间与其概率面积的关系，如图1所示。

当 $\mu=0$，$\sigma=1$ 时的正态分布称为标准正态分布，其概率密度函数为：

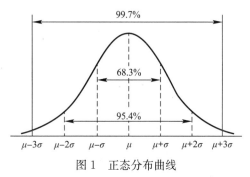

图1　正态分布曲线

$$f(x) = \frac{1}{\sqrt{2\pi}} e^{\frac{x^2}{2}} \tag{4}$$

本文原载微信公众平台《岩土工程学习与探索》2019年1月1日，作者：王长科

导出：

$$X \sim N(\mu, \sigma^2), Y = \frac{X - \mu}{\sigma} \sim N(0,1) \tag{5}$$

总体的方差计算公式：

$$\sigma^2 = \frac{\sum (X - \mu)^2}{N} \tag{6}$$

式中，σ^2 为总体方差；X 为变量；μ 为总体均值；N 为总体例数。

实际工作中，总体参数难以得到时，可用样本统计量代替总体参数，经校正后，样本方差计算公式为：

$$S^2 = \frac{\sum (X - \overline{X})^2}{n - 1} \tag{7}$$

式中，S^2 为样本方差（S 表示样本的标准差，又称均方差）；X 为变量；$\overline{X}$ 为样本均值；n 为样本例数。

（2）分布

χ^2 分布简称卡方分布。设 X_1，X_2，…，X_n 相互独立，均服从标准正态分布 $N(0, 1)$，则称随机变量。自由度为 n 的 χ^2 分布可表示为：

$$\chi^2 = X_1^2 + X_2^2 + X_3^2 + \cdots + X_n^2 \tag{8}$$

卡方分布的概率密度函数如下式：

$$f(x; k) = \begin{cases} \dfrac{x^{(k/2-1)} e^{-x/2}}{2^{k/2} \Gamma\left(\dfrac{k}{2}\right)}, & x > 0 \\ 0, & \text{其他} \end{cases} \tag{9}$$

$\Gamma\left(\dfrac{k}{2}\right)$ 表示 gamma 函数，它是整数 k 的封闭形式。

χ^2 分布的期望 $E(\chi^2) = n$，方差 $D(\chi^2) = 2n$。

（3）t 分布

假设 X 服从标准正态分布即 $X \sim N(0, 1)$，Y 服从自由度 n 的卡方分布即 $Y \sim \chi^2(n)$，且 X 与 Y 是相互独立的，那么 $Z = X/\sqrt{Y/n}$ 的分布成为自由的为 n 的 t 分布，记为 $Z \sim t(n)$。

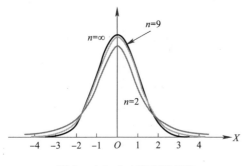

图 2　$t(n)$ 分布的密度函数

t 分布常常用于根据小样本来估计呈正态分布且方差值未知的样本的均值（如果总体的方差已知的话，则应该用正态分布来估计总体的均值）。

$t(n)$ 分布的密度函数表达式如下（图 2）：

$$f(x) = \frac{\Gamma[(n+1)2]}{\sqrt{\pi n} \Gamma(n/2)} \left[1 + \frac{x^2}{n}\right]^{-(n+1)/2} \tag{10}$$

式中，Γ 表示 gamma 函数。

对于 $Z \sim t(n)$，其数学期望 $E(Z) = 0$，$n > 1$；方差 $D(Z) = n/(n-2)$，$n > 2$。

3 岩土参数的估计

    岩土参数的获取首先要进行岩土工程勘察，从数学上看，勘察就是抽样。工程上岩土体的参数平均值是未知的，但存在，要靠勘察得到的参数小样本进行计算估计。

    根据高大钊《土力学可靠性原理》，列表如表1所示。

失效概率为 α 时的 t 分布值

表 1

单侧	75%	80%	85%	90%	95%	97.50%	99%	99.50%	99.75%	99.90%	99.95%
双侧	50%	60%	70%	80%	90%	95%	98%	99%	99.50%	99.80%	99.90%
1	1.000	1.376	1.963	3.078	6.314	12.710	31.820	63.660	127.300	318.300	636.600
2	0.816	1.061	1.386	1.886	2.920	4.303	6.965	9.925	14.090	22.330	31.600
3	0.765	0.978	1.250	1.638	2.353	3.182	4.541	5.841	7.453	10.210	12.920
4	0.741	0.941	1.190	1.533	2.132	2.776	3.747	4.604	5.598	7.173	8.610
5	0.727	0.920	1.156	1.476	2.015	2.571	3.365	4.032	4.773	5.893	6.869
6	0.718	0.906	1.134	1.440	1.943	2.447	3.143	3.707	4.317	5.208	5.959
7	0.711	0.896	1.119	1.415	1.895	2.365	2.998	3.499	4.029	4.785	5.408
8	0.706	0.889	1.108	1.397	1.860	2.306	2.896	3.355	3.833	4.501	5.041
9	0.703	0.883	1.100	1.383	1.833	2.262	2.821	3.250	3.690	4.297	4.781
10	0.700	0.879	1.093	1.372	1.812	2.228	2.764	3.169	3.581	4.144	4.587
11	0.697	0.876	1.088	1.363	1.796	2.201	2.718	3.106	3.497	4.025	4.437
12	0.695	0.873	1.083	1.356	1.782	2.179	2.681	3.055	3.428	3.930	4.318
13	0.694	0.870	1.079	1.350	1.771	2.160	2.650	3.012	3.372	3.852	4.221
14	0.692	0.868	1.076	1.345	1.761	2.145	2.624	2.977	3.326	3.787	4.140
15	0.691	0.866	1.074	1.341	1.753	2.131	2.602	2.947	3.286	3.733	4.073
16	0.690	0.865	1.071	1.337	1.746	2.120	2.583	2.921	3.252	3.686	4.015
17	0.689	0.863	1.069	1.333	1.740	2.110	2.567	2.898	3.222	3.646	3.965
18	0.688	0.862	1.067	1.330	1.734	2.101	2.552	2.878	3.197	3.610	3.922
19	0.688	0.861	1.066	1.328	1.729	2.093	2.539	2.861	3.174	3.579	3.883
20	0.687	0.860	1.064	1.325	1.725	2.086	2.528	2.845	3.153	3.552	3.850
21	0.686	0.859	1.063	1.323	1.721	2.080	2.518	2.831	3.135	3.527	3.819
22	0.686	0.858	1.061	1.321	1.717	2.074	2.508	2.819	3.119	3.505	3.792
23	0.685	0.858	1.060	1.319	1.714	2.069	2.500	2.807	3.104	3.485	3.767
24	0.685	0.857	1.059	1.318	1.711	2.064	2.492	2.797	3.091	3.467	3.745
25	0.684	0.856	1.058	1.316	1.708	2.060	2.485	2.787	3.078	3.450	3.725
26	0.684	0.856	1.058	1.315	1.706	2.056	2.479	2.779	3.067	3.435	3.707
27	0.684	0.855	1.057	1.314	1.703	2.052	2.473	2.771	3.057	3.421	3.690
28	0.683	0.855	1.056	1.313	1.701	2.048	2.467	2.763	3.047	3.408	3.674
29	0.683	0.854	1.055	1.311	1.699	2.045	2.462	2.756	3.038	3.396	3.659
30	0.683	0.854	1.055	1.310	1.697	2.042	2.457	2.750	3.030	3.385	3.646
40	0.681	0.851	1.050	1.303	1.684	2.021	2.423	2.704	2.971	3.307	3.551
50	0.679	0.849	1.047	1.299	1.676	2.009	2.403	2.678	2.937	3.261	3.496
60	0.679	0.848	1.045	1.296	1.671	2.000	2.390	2.660	2.915	3.232	3.460

单侧	75%	80%	85%	90%	95%	97.50%	99%	99.50%	99.75%	99.90%	99.95%
双侧	50%	60%	70%	80%	90%	95%	98%	99%	99.50%	99.80%	99.90%
80	0.678	0.846	1.043	1.292	1.664	1.990	2.374	2.639	2.887	3.195	3.416
100	0.677	0.845	1.042	1.290	1.660	1.984	2.364	2.626	2.871	3.174	3.390
120	0.677	0.845	1.041	1.289	1.658	1.980	2.358	2.617	2.860	3.160	3.373
∞	0.674	0.842	1.036	1.282	1.645	1.960	2.326	2.576	2.807	3.090	3.291

注意表格最后一行的值，自由度 n 为无限大时的 t 分布和正态分布等价。

4 岩土参数标准值的本质

岩土参数标准值，是根据抽样子样本，按照一定失效概率对总体样本（假定符合正态分布）平均值的估计。从计算公式看，如取 $\alpha = 5\%$，当 n 趋于无穷大时，$t_\alpha = 1.645$，标准值的计算结果就是平均值。

由此看来，岩土参数具有变异性和随机性双重属性，采用 t 分布理论进行参数置信估计，当勘察样本数量较小时，就应该运用上述公式，计算出相应于一定置信概率的标准值来对总体样本的平均值进行估计。但当勘察得到样本较大时，可直接采用大容量样本的平均值来代表总体的平均值。另外，岩土参数标准值的本质，是总体参数平均值的估计值。

从上述表列数值中，摘取 $n=1$，2，3，…，同时查取相应的 t_α，用 n 作横坐标，t_α 作纵坐标，如图 3 所示（取 $\alpha = 0.05$）。

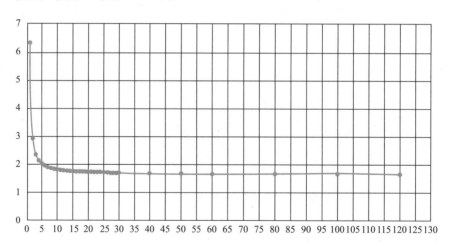

图 3　自由度与 t_α 的关系图（$\alpha = 0.05$）

从图中可以看出，岩土参数标准值计算的最小数据量可取 5。当前《岩土工程勘察规范》规定最小取值为 6。

5 小结

本文就岩土参数的估计进行回顾和分析，对勘察抽取岩土参数样本的标准值，进行概念分析，得出结论，样本参数标准值的本质，实际就是基于一定置信概率的总体参数平均值的估计值。当勘察得到样本数量较大时，可以采用大样本的平均值来直接代表总体的参数平均值。对于勘察抽取样本的最少数量可采用 5。

参考文献

[1] 国家技术监督局. 非中心 t 分布分位数表：GB/T 15932—1995 [S]. 北京：中国标准出版社，1996.

[2] 国家标准化管理委员会. 统计分布数值表分布：GB 4086.3—1983 [S]. 北京：中国标准出版社，1984.

[3] 高大钊. 土力学可靠性原理 [M]. 北京：中国建筑工业出版社，1989.

关于岩土参数抽样统计的代表性

【摘　要】　阐述了抽样的基本要求，用相关距离概念对岩土参数抽样统计的代表性进行了分析建议。

1　前言

地质体的宏大性，决定了岩土工程勘察必须做好工作量布置，包括地质测绘、勘探点布置、取样试验、原位测试、物探等，勘察工作量的空间分布位置的布置，实际上就是一种抽样的布置。抽样抽的不合适，就会影响对场地岩土工程条件的分析和评价。

对于岩土工程勘察来说，抽样应当具备"五性"：代表性、重要性、控制性、随机性、广泛性。

本文对其中的代表性一项进行分析建议，供同行参考。

2　代表性的含义

抽样的代表性是指抽出的样本，互不相关，互相独立，从子样能够体现、把握总体。对于地质体来说，从宏观看，同一场地具有相近特性，一个场地就是一个地质单元；在同一个场地内，同一层土具有相近特性，一层土就是一个地质单元。所以岩土工程勘察的数据统计，首先是划分地质单元，然后在一个地质单元内进行数据统计。平原地区的建筑工程，多数是位于同一个场地内，这种情况下，岩土工程勘察的数据统计就是对地层进行分层统计。

当然，工程实践上的地质单元划分，应根据工程需要，可粗可细。细分地质单元，勘察工作量就应多一些，以满足数据抽样统计分析的需要。

3　相关距离

两者之间有关系，从一方能推定另一方，两者就是相关。在数理统计上，用相关系数的大小来表征两者的相关程度，0 表示不相关，1 表示完全相关。在随机场理论里，有个相关距离概念，相关距离是应用于实际工程可靠度分析的一个重要参数，超出相关距离表示不相关，相关距离之内，表示相关。相关距离之内连续抽样用于数理统计不具代表性。

对于地质体来说，因其是漫长的地质历史时期形成的，应该说，地质体内的每一点，是不一样的。但实践发现，土的性质在水平向和竖向是渐变的，在一定范围内具有相近

本文原载微信公众平台《岩土工程学习与探索》2018 年 12 月 5 日，作者：王长科

性。比如，在京沪线沧州界某一段岩土工程勘察中发现，浅层土的成因为冲洪积，从沿东西向地层剖面看（平行冲洪积水流方向），土的分布相对稳定，从南北方向地层剖面看（垂直冲洪积水流方向），土的分布规律性差，而从竖向看，地层更是变化大。这说明，土在东西方向，在很长一段距离内有相关性，在南北向，在较小一段距离内有相关性，而在竖向，在更小一段距离内才有相关性。根据这个现象，钻孔布置应该是东西向可以距离大一些，在南北向要小一点，而在竖向取样，间距要更小一点。

土的相关距离与成因有关，应该有水平相关距离和竖向相关距离之分。土质均匀、分布稳定，相关距离会大一些，相反，土质不均匀、分布不稳定，相关距离就会小一些。根据看到的科研报道，土的竖向相关距离一般在 0.5～1.0m。

4　取样试验

当前，勘察钻孔的水平距离通常根据场地复杂程度确定，钻孔的深度是依据建筑物的向下影响深度来定。国家标准《岩土工程勘察规范》GB 50021—2001（2009 年版）第4.1.18～4.1.20 条及表 4.1.15 对勘探点间距、勘探深度、取样和原位测试工作量的布置作出了规定。在工程实践上，岩土工程师在现场掌握的钻孔取样原则一般为：层厚小于1m 取 1 个；层厚超过 1m 间隔 1m 取 1 个；层厚超过 5m 间隔 1.5m 取 1 个。如此可以看出，对每个钻孔取样试验得到的岩土参数进行统计分析，是满足土的竖向相关距离要求的。

5　连续静力触探试验和连续动力触探试验

对钻孔取样，如前所说，每个取土试样就是抽样的一个子样，满足相关距离要求，直接参与统计分析即可。但对于连续静力触探试验和连续动力触探试验，由于试验点是连续的，因此取多长一段竖向距离进行试验指标平均然后作为一个子样参与分层统计，是值得探讨的。如果每个触探孔，取各土层的层厚进行连续触探试验指标的平均，一个孔一层土得到一个子样本，那么如果一个场地只布置了 3 个静力触探孔时，该场地内每层土就只有3 个静力触探试验指标参与分层统计。

从上面对土的竖向相关距离概念分析看，建议对连续静力触探试验（图 1）和连续动力触探试验的每个孔和每层土的连续记录曲线进行具体分析，综合确定竖向相离距离，进而对该相关距离内的连续记录值进行平均，作为一个子样参加该层土的分层统计。正常情况下，对土层厚度不超过 1.0m 者，取孔内各土层厚度的试验连续记录值的平均值作为一个子样；对层厚超过 1.0m 者，层内取每米竖向深度段对试验指标进行平均，作为一个子样本参与该层土的分层统计。

6　小结

本文从相关距离、钻探取样试验及连续触探试验三方面，对岩土参数统计分析的代表性进行了分析建议，以期在岩土工程勘察过程中获得代表性样本。

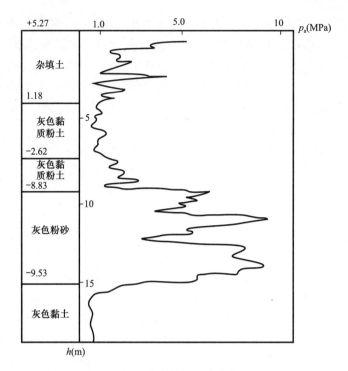

图 1　静力触探试验曲线

　　综上认为，土的相关距离与成因有关，应该有水平相关距离和竖向相关距离之分。土质均匀、分布稳定，相关距离会大一些；相反，土质不均匀、分布不稳定，相关距离就会小一些。目前，现行《岩土工程勘察规范》GB 50021—2001（2009 年版）及岩土工程师的现场控制取样原则，满足竖向相关距离要求；对连续静力触探试验和连续动力触探试验，建议对 1m 以内的连续记录值进行平均，作为一个子样参加该层土的分层统计是合理的。

岩土参数的四维性

【摘　要】　工程建设，百年大计。勘察的是现在，解决的是未来。岩土参数的确定要考虑未来面临的情况变化。

工程建设，百年大计。勘察的是现在，解决的是未来。岩土参数的确定要考虑未来面临的情况变化。建筑物在超出设计使用年限之后，怎么办？检测鉴定，加固继续延长使用年限，或者拆除再造。

对于岩土工程，尤其是建筑物的地基基础，因其具有承载性，所以，其设计使用年限应该比其上覆建筑物的设计使用年限要更长一些。或者说，岩土工程，在整个建设工程中，应该是最具可靠性、适应性、耐久性、稳定性，再或者说，如果整个工程出问题，岩土工程必须是坚持到最后不出大问题的那一部分。

由此可见，岩土工程如此重要！

要注意，在工程建设之前，必须要开展岩土工程的勘察工作，之后就是编制岩土工程勘察报告，岩土工程勘察报告是勘察人员和设计人员的交接文件，设计人员依据勘察报告、工程要求等，做出施工图设计，施工图是设计人员和施工人员的交接文件。施工人员按图施工。如此，工程建成。

问题出来了，岩土工程勘察，钻探、原位测试、取样、试验等，这些技术工作都是针对现时当期的场地、地形、环境、地质、岩土、水文等。也就是说，勘察的是现在，直接查明的是现时条件的地层空间分布规律、岩土状态及性质与性能的空间分布规律、地下埋藏物空间分布规律，地质灾害空间分布规律……所以，编制勘察报告，不是简单地整理资料、归拢数据，这些只是第一步。更重要的是认真客观分析、科学推断，特别要结合好过去的观测资料和未来的建设规划，因为要解决的是未来问题。环境资料、过去的观测和未来的规划资料，这些要搜集，注意，并不是收集，因为资料可能来之不易。

第二步重要工作，就是要根据查明的现时场地岩土工程勘察资料，和搜集到的环境资料、过去和未来资料，对岩土地层、不良地质，尤其是岩土的状态参数、性质与性能参数进行分析、判断和综合确定。在未来建筑物设计使用期内，甚至是寿命期内，岩土工程师给出一个什么样的勘察结论和建议，这其中，岩土参数的确定是关键之一。合理的岩土参数才能使设计的建筑物建成后，达到安全、经济、环保、先进的要求，完成其预定的功能。

岩土参数的确定，依据的是现时勘察查明的结果，是个三维空间问题，而代表的是未来建筑物使用期岩土的发挥状况。岩土参数的确定要考虑未来面临的情况变化。含水量、湿陷性、冻胀性、膨胀性、强度指标、承载力、变形指标等，都是最重要的岩土参数；地

本文原载微信公众平台《岩土工程学习与探索》2017年11月23日，作者：王长科

面标高、超载、地下水位，都是最重要的岩土工程条件。因此说，岩土参数的确定实际是个四维空间问题。

由此，同样的岩土工程勘察资料，拟建建筑条件不同，勘察结论和建议是不同的。

特别提醒：建议岩土工程勘察报告的最后一段内容，要写"岩土工程勘察报告使用说明"。这是负责任和科学精神的体现。

孔隙比的几个概念应予以重视

【摘　要】 孔隙比是工程勘察和岩土工程设计的一个关键性指标，实际应用中常出现几个概念混淆的现象，本文对常用的孔隙比概念和应用进行介绍。

孔隙比是指单位体积土的孔隙体积和土粒体积的比值，是工程勘察和岩土工程设计一个关键性指标，从土的孔隙比测定来看，从在地基中取原状土，到室内制样试验，有几个孔隙比的概念需要工程师重视。

原位孔隙比 e_n：土在地基原位状态时孔隙比。这是土的生成以来到现在尚未受到人类活动影响的孔隙比，尚不能直接测定。

天然孔隙比 e_0：通常指试验室开土后，通过环刀试样测定的孔隙比。这个孔隙比概念，从受力状态上看，土试样的应力全部释放，暴露在大气压下。这个孔隙比值，比起地基原位状态下的孔隙比值（即原位孔隙比 e_n）要大。

自重压力孔隙比 e_{p0}：室内固结试验曲线上相应于试验压力为土的自重压力的孔隙比。即进行沉降计算的起始孔隙比，有时用 e_1 表示。

自重＋附加压力孔隙比 e_p：室内固结试验曲线上相应于试验压力为土的自重压力＋附加压力时的孔隙比。即进行沉降计算的终止孔隙比，有时用 e_2 表示。

土具有弹塑性，原位孔隙比 e_n 不能直接测定，用自重压力孔隙比 e_{p0} 来代替土的原位孔隙比 e_n，是接近的办法。当前有个别规范仍用土的天然孔隙比 e_0 来代替土的原位孔隙比 e_n 进行评价和沉降计算是不符合实际的。这一点应引起岩土工程师的重视。

参考文献

[1]　高大钊. 土力学与基础工程 [M]. 北京：中国建筑工业出版社，1998.

本文原载微信公众平台《岩土工程学习与探索》2019 年 10 月 15 日，作者：王长科

压缩模量 E_s 参数的本质

【摘　要】　压缩模量 E_s 随自重压力、附加压力而变，不能称为土的基本参数。反映压缩模量特性的，另有基本参数。

　　根据百度百科的表述，参数也叫参变量（英文名：Parameter），是一个变量。我们在研究当前问题的时候，关心某几个变量的变化以及它们之间的相互关系，其中有一个或一些叫自变量，另一个或另一些叫因变量。如果我们引入一个或一些另外的变量来描述自变量与因变量的变化，引入的变量本来并不是当前问题必须研究的变量，我们把这样的变量叫作参变量或参数。

　　按照这段文字对参数的描述，可以理解为，对于自变量和因变量来说，参数应该是与自变量相对无关的数值。

　　下面我们来看看土的压缩模量的情况：

　　对于钢材等理想弹性材料，其压缩模量是个常数，是材料的基本参数。对于土来说，非线性、弹塑性，这就注定土的压缩模量不是个常数，而是随应力而变。

　　压缩模量 E_s，作为因变量，与两个自变量有关，即自重压力 p_1 和附加压力（p_2-p_1）。E_s 表达式为：

$$E_s = E_{s0} + m \cdot p_1 + n \cdot (p_2 - p_1) \tag{1}$$

式中，E_s 为压缩模量；E_{s0} 为压缩模量初始值；p_1 为自重压力；（p_2-p_1）为附加压力；m、n 为两个压缩模量系数。

　　从式（1）看出，压缩模量 E_s 与自变量 p_1、（p_2-p_1）有关，不应该称为土的基本参数。E_{s0}、m、n 不随自变量 p_1、（p_2-p_1）而变，只是随土而变，因而才是土的压缩模量基本参数。

　　典型固结试验 e-p 曲线如图 1 所示。

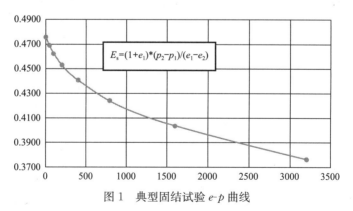

图 1　典型固结试验 e-p 曲线

本文原载微信公众平台《岩土工程学习与探索》2017 年 12 月 7 日，作者：王长科

参考文献

［1］ 王长科，汤福南. 土的压缩模量计算探讨［J］. 军工勘察，1994（3）.

［2］ 王长科，汤福南，黄献辉. 地基变形计算参数勘察评价试验研究［C］//中国建筑学会工程勘察分会第六届学术交流会论文选集. 北京：地质出版社，2000.

［3］ 王长科. 沉降计算的现状和思考［M］//梁金国，聂庆科. 岩土工程新技术与工程实践. 石家庄：河北科学技术出版社，2007.

非饱和土的三轴剪切试验问题

【摘　要】　回顾了饱和土常规三轴试验的步骤和试验条件选择原理，对非饱和土的三轴试验进行分析建议。

1　前言

中国地域辽阔，在北部和西北部，很多建设场地的土是非饱和土，对于建筑地基和基坑支护来说，进行岩土工程勘察时，需要取样做三轴剪切试验。按照现行的《土工试验方法标准》GB/T 50123，固结排水条件分为固结不排水（CU）、不固结不排水（UU）、固结排水（CD），这些都是针对饱和土的。据了解，现在各地做法不统一，有的地方对基坑工程，将取出的地下水位之上的非饱和土试样，按照《土工试验方法标准》GB/T 50123进行饱和处理，然后进行固结不排水（CU）或不固结不排水（UU）三轴剪切试验。显然，基坑属于临时性工程，对于地下水位埋藏深度远大于基坑深度时，基坑坡土的抗剪强度指标，按照原状天然土的指标进行开挖支护设计即可。机械执行《土工试验方法标准》GB/T 50123，进行非饱和土的饱和三轴剪切试验，获得土的抗剪强度试验指标，是不符合实际的。但是，对于非饱和土的三轴剪切试验，目前试验标准支撑不足。

2　分析和建议

非饱和土，属于完整的三相土，由土颗粒、孔隙水、孔隙气组成，有时还存在结合水膜，所以有专家称之为四相土。非饱和土受力后，力的传递由土粒之间的有效应力、孔隙水压力和孔隙气压力共同完成。其中，当孔隙水压力小于孔隙气压力时，会出现二者的差值，即基质吸力。

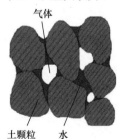

图1　土的三相组成

对于非饱和土，加拿大的弗雷德隆德（Freedlund）等人进行详细研究和总结，1993年出版了《Unsaturated Soil Mechanics》，中国建筑工业出版社于1997年出版了中文版《非饱和土土力学》，书中详细描述了非饱和土的性质和试验情况。

当前常规三轴试验的操作过程有两部分组成：

一是施加围压，这期间如果阀门开着，允许土样中的水在围压作用下自由排出，土样则处于固结状态（C）；反之，阀门关闭，则土样为不固结状态（U）。试验选择施加围压阶段是否让试样为固结

本文原载微信公众平台《岩土工程学习与探索》2018年11月6日，作者：王长科

状态，主要取决于工程上天然土的应力历史，对超固结土和正常固结土，对应三轴试验施加围压阶段，选择固结（C），对于欠固结土，对应选择不固结（U）。

二是施加轴向压力直至土样剪切破坏阶段，这期间如果阀门开着，允许土样中的水在土样剪切过程中自由排出，这叫排水剪切试验（D）；反之，阀门关闭，为不排水剪切试验（U）。试验选择施加轴向压力进行土样剪切阶段是否为排水剪切试验，主要取决于工程上天然土的受力剪切时的排水情况。比如，对于黏性土等弱透水性土，遇加荷速度较快情况，对应选择不排水剪切试验（U），对于砂土等强透水性土，遇加荷速度较慢情况，对应选择排水剪切试验（D）。

当三轴试验加压剪切为不排水剪切试验（U）时，对饱和土要测定土样的孔隙水压力，以便资料整理时，进行有效应力分析，得到土样的有效应力指标。

表1引自《非饱和土土力学》一书，为非饱和土的各种三轴试验。从表1看出，相比饱和土的三轴试验，非饱和土增加了孔隙气压力的控制和测量。

非饱和土的各种三轴试验　　　　　　　　　　　　　　　　　　　表1

试验方法	剪切前固结	外排		剪切过程		
		孔隙气	孔隙水	孔隙气压力 u_s	孔隙水压力 u_w	土体积变化 ΔV
固结排水（CD）	是	是	是	控制	控制	量测
常含水量（CW）	是	是	否	控制	量测	量测
固结不排水（CU）	是	否	否	量测	量测	—
不排水（UU）	否	否	否	—	—	—
无侧限压缩（UC）	否	否	否	—	—	—

为此，作者建议，对非饱和土的三轴剪切试验，仍可采用当前的常规三轴试验仪器，根据天然土的应力历史和工程情况，选择固结不排水试验（CU）、不固结不排水试验（UU）等，只是在加压剪切阶段无法测定孔隙水压力和孔隙气压力。好在对于非饱和土，工程上本来就应按水土合算，即按总应力法进行计算。由此，非饱和土的三轴试验提供总应力指标，即不测定孔隙水压力、孔隙气压力，也能满足要求。

非饱和土因存在基质吸力，使得其抗剪强度会受到基质吸力的影响。试样在三轴剪切过程中，压剪过程本身会使得土样的饱和度提高，因而基质吸力会变得不稳定，故非饱和土强度指标的离散度可能会更高一些，为此工程上应尽量多做一些试验数量，以便统计得到合理的试验指标。

非饱和土的剪切试验准确测定土样的强度指标，是一件很难的事情，需要加强研究，尽快标准化，解决技术标准支撑问题。

应力路径法三轴试验

【摘　要】　就应力路径概念、工程土的应力路径和三轴试验的应力路径方案进行了分析建议。

1　前言

常规三轴试验，是在固定不变的围压 σ_3 条件下，增加竖向压力 σ_1，直至土样破坏，按照莫尔-库仑定律，求解土的抗剪强度指标 c、φ。

常规三轴试验主要是模拟建筑物地基竖向受力的加荷状态，但对于基坑开挖来说，实际情况应该是固定竖向压力 σ_1 不变，减小水平压力 σ_3 直至土体破坏。显然对基坑开挖工程，采用常规三轴试验的加荷方式，是不符合工程实际情况的。

本文从应力路径概念出发，对三轴试验模拟不同类型工程实际的加荷受力路径，进行分析建议，供同行工程师参考。

2　应力路径基本概念

应力路径是指土的受力状态变化轨迹，可用两维或三维坐标图上的应力关系轨迹线来表达，有总应力和有效应力之分。早在 1980 年，我国土力学家王正宏教授曾撰文《应力路径和应力路径法》，全面表述了有关应力路径方面的见解。

常规三轴试验和基坑开挖坡土的应力路径，如图 1 所示。

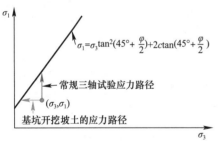

$$\sigma_1 = \sigma_3 \tan^2\left(45° + \frac{\varphi}{2}\right) + 2c\tan\left(45° + \frac{\varphi}{2}\right)$$

常规三轴试验应力路径
(σ_3, σ_1)
基坑开挖坡土的应力路径

图 1　常规三轴试验和基坑
开挖坡土的应力路径

3　工程土的应力路径

3.1　建筑地基

在软土地区，建筑地基的应力路径最为典型，全程经历以下几个过程：

（1）降水：有效应力增加；

（2）开挖基坑：有效应力减小；

（3）建筑施工：有效应力增加；

本文原载微信公众平台《岩土工程学习与探索》2018 年 12 月 8 日，作者：王长科

（4）土建竣工后停止降水：有效应力减小。

建筑地基土的全程典型应力路径如图 2 所示。

3.2 基坑开挖坡土的应力路径

基坑开挖坡土的应力路径如图 3 所示。

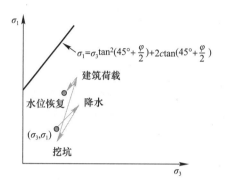

图 2 建筑地基土的典型应力路径

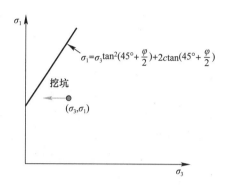

图 3 基坑开挖坡土的应力路径

3.3 空穴扩张土的应力路径

旁压试验是典型的空穴扩大，应力路径见图 4。

4 应力路径法三轴试验方案

三轴试验分两个阶段：固结、剪切。固结阶段模拟实际采用 K_0 固结，剪切阶段模拟按照实际的应力路径实施，从而测定土的抗剪强度指标和变形特性。应力路径法三轴试验应力路径如图 5 所示。

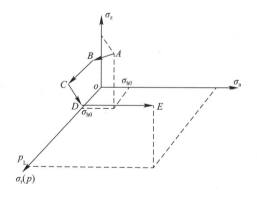

图 4 旁压试验空间应力路径

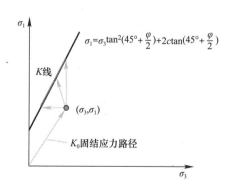

图 5 应力路径法三轴试验应力路径

5 结束语

本文就工程及三轴试验的应力路径问题进行分析建议，供同行参考。

土的小应变特性

【摘　要】　分析并提出要重视土的小应变特性。

当前，土的工程性质，比如抗剪强度指标，均是按照室内三轴试验、直剪试验的试验标准规定，取峰值或相应于某一定应变值的试验结果进行测试计算而得。实际工程受力条件下，土的应变值可能远远小于室内试验对应的应变值，如此看来，土的小应变性质应该成为岩土工程正常使用状态下的设计参数。

这是 Mair(1993) 给出的一些案例的剪应变范围，从中也看出了小应变性质的重要性。

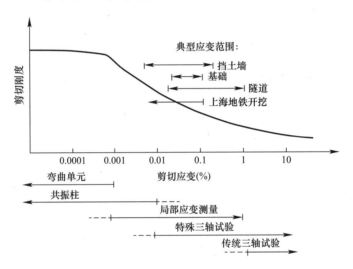

图 1　土体在各种岩土工程条件下的应变值范围（Mair，1993）

有文献报道，小应变的黏聚力、内摩擦角，其发挥的早晚是不同的。黏聚力先发挥，摩擦角随之发挥。如图 2、图 3 所示。这些发现，对岩土工程设计分析将具有重要意义。

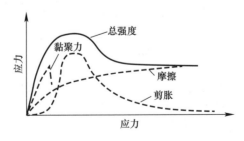

图 2　黏性土抗剪强度三个分量

本文原载微信公众平台《岩土工程学习与探索》2019 年 11 月 26 日，作者：王长科

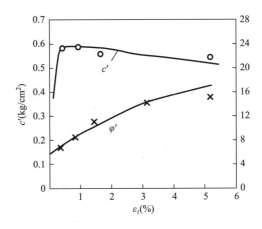

图 3　c' 和 φ' 随 ε_1 的变化

　　在工程实践上，小应变问题还很多的，地震、微振、边坡、基坑、下卧层、桩端土、路基，甚至原位应力状态（零应变）等。研究小应变下的土的特性，对认识工程土压力、沉降实测结果和进行合理设计具有重要意义。

地基变形计算中粗粒土压缩模量的确定

【摘　要】 分析了土的压缩模量、变形模量的物理含义和物理关系，提出了根据砂土、碎石土等粗粒土承载力特征值进行其压缩模量估算的方法。

1　前言

在地基变形计算中，常常遇到砂土、碎石土等粗粒土地层，通常对于黏性土、粉土来说，其压缩模量的取值可以根据其取样固结试验曲线，按照实际压力段，进行取值。但对于砂土、碎石土等粗粒土来说，往往因为勘察阶段未进行取样固结试验，不能像黏性土、粉土那样进行压缩模量取值。有时勘察报告也同步给出了砂土、碎石土等粗粒土的压缩模量计算值（经验值），但有些时候按其计算地基变形，计算结果不符合实际，遇到这种情况，着实为难了岩土工程师。为此，本文开展分析，提出根据砂土、碎石土等粗粒土承载力特征值估算其压缩模量的方法，供工程师缺乏其他有效办法时参考使用。

2　均质各向同性弹性体的应力应变关系和土的压缩模量与变形模量的理论关系

对于均质各向同性弹性体，土的三维应力应变关系为：

$$\begin{cases} \varepsilon_x = \dfrac{1}{E}[\sigma_x - \mu(\sigma_y + \sigma_z)] \\[2mm] \varepsilon_y = \dfrac{1}{E}[\sigma_y - \mu(\sigma_z + \sigma_x)] \\[2mm] \varepsilon_z = \dfrac{1}{E}[\sigma_z - \mu(\sigma_x + \sigma_y)] \end{cases} \tag{1}$$

式中，E、μ 分别表示弹性模量和泊松比。

应用于标准固结试验，有：

$$\begin{cases} \varepsilon_x = \varepsilon_y = 0 \\[2mm] \sigma_x = \sigma_y = \dfrac{\mu}{1-\mu}\sigma_z \\[2mm] \varepsilon_z = \left(1 - \dfrac{2\mu^2}{1-\mu}\right)\dfrac{\sigma_z}{E} \\[2mm] E = \left(1 - \dfrac{2\mu^2}{1-\mu}\right)\dfrac{\sigma_z}{\varepsilon_z} \end{cases} \tag{2}$$

本文原载微信公众平台《岩土工程学习与探索》2018 年 5 月 25 日，作者：王长科

土具有弹塑性，将土的三维变形弹性模量称为变形模量 E_0，固结试验一维变形弹性模量称为压缩模量 E_s，由此得到压缩模量 E_s 和变形模量 E_0 的理论关系为：

$$\begin{cases} E_0 = \left(1 - \dfrac{2\mu^2}{1-\mu}\right)E_s \\ E_s = \dfrac{1}{1 - \dfrac{2\mu^2}{1-\mu}}E_0 \end{cases} \tag{3}$$

从上述理论表达式看出，变形模量 E_0 在数值上一般应小于压缩模量 E_s 的数值，但根据相关文献可知，变形模量 E_0 在数值上却是压缩模量 E_s 数值的 3~5 倍。

3 估算粗粒土压缩模量 E_s 的方法建议

按照弹性力学，圆形面积（直径为 d）上的均布荷载 p，其作用下中心点的沉降量 s 的表达式为：

$$s = \frac{pd(1-\mu^2)}{E_0} \tag{4}$$

而圆形面积（直径为 d）刚性板，在平均荷载 p_{av} 作用下的平均沉降量 s 的表达式为：

$$s = \frac{\pi}{4} \cdot \frac{p_{av}d(1-\mu^2)}{E_0} \tag{5}$$

目前，规范给出的圆板载荷试验变形模量 E_0 的计算公式，均采用了后者。但从上述刚性、柔性两种荷载作用下的沉降量看，差了 $\pi/4$，即 0.785 倍。

综上，可以得出，依据载荷试验换算压缩模量的计算公式：

$$E_s = \frac{\pi}{4} \cdot \frac{(1-\mu^2)}{1 - \dfrac{2\mu^2}{1-\mu}} \cdot \frac{p_{av}}{\dfrac{s}{d}} \tag{6}$$

式中，s 表示沉降量；d 表示圆形板的直径；p_{av} 表示板下平均压力（压强）；μ 表示泊松比。

将上式中的 p_{av} 改写为 $(f_a - f_0)$，f_a 表示含深度效应的地基承载力特征值，f_0 表示自重压力，得到：

$$\begin{cases} E_s = \beta \cdot (f_a - f_0) \\ \beta = \dfrac{\pi}{4} \cdot \dfrac{(1-\mu^2)}{1 - \dfrac{2\mu^2}{1-\mu}} \cdot \dfrac{1}{\dfrac{s}{d}} \end{cases} \tag{7}$$

建议泊松比 μ 的取值，碎石土取 0.27，砂土取 0.3；s/d 取 0.015。按照式（7）计算 β 值：碎石土 $\beta=60$；砂土 $\beta=64$。

4 案例

（1）碎石土

碎石土的地基承载力特征值 f_{ak} 为 300kPa，埋深为 10m，上覆土的重度为 19kN/m³，

$f_0=190\text{kPa}$，经深度修正后的承载力特征值 f_a 为 1094kPa，取 $\mu=0.27$，$s/d=0.015$，代入式（7）计算得到 $\beta=60$，$E_s=60\times(f_a-f_0)=60\times(1094-190)=54240\text{kPa}=54.2\text{MPa}$

（2）中砂

中砂的地基承载力特征值 f_{ak} 为 200kPa，埋深为 8m，上覆土的重度为 19kN/m^3，$f_0=152\text{kPa}$，经深度修正后的承载力特征值 f_a 为 827kPa，取 $\mu=0.3$，$s/d=0.015$，代入式（7），计算得到 $\beta=64$，$E_s=64\times(f_a-f_0)=64\times(827-152)=43200\text{kPa}=43.2\text{MPa}$

5 小结

本文针对粗粒土的压缩模量的估算，在进行理论分析的基础上，给出了一个建议办法，供工程师在拿不出其他更有效办法的情况下，参考使用并积累经验。

参考文献

［1］ 王长科.《岩土工程勘察报告》提供压缩模量 E_s 值要这样做［EB/OL］. 岩土工程学习与探索，2017-11-07.

［2］ 高大钊. 土质学与土力学［M］. 北京：人民交通出版社，2001.

［3］ 中华人民共和国建设部. 岩土工程勘察规范：GB 50021—2001（2009 年版）［S］. 北京：中国建筑工业出版社，2009.

地基土水平反力系数的比例系数 m 值的室内固结试验测定法

【摘　要】　分析了地基土水平反力系数的比例系数 m 值的物理概念，给出了用室内固结试验测定 m 值的方法。

1　前言

基坑支护和水平受力桩基的设计中，常用到 m 值。m 值表示地基土水平抗力系数的比例系数，系指地基土水平抗力系数随深度变化的比例系数，计量单位为 kN/m^4。按照现行相关规范的规定，m 值可采用桩的水平推力试验测定。《建筑桩基技术规范》JGJ 94—2008 给出的 m 值经验值，见表 1。

地基水平抗力系数的比例系数 m 值　　　　　　　　　表 1

序号	地基土类别	预制桩、钢桩		灌注桩	
		m(MN/m^4)	相应单桩在地面处水平位移(mm)	m(MN/m^4)	相应单桩在地面处水平位移(mm)
1	淤泥；淤泥质土；饱和湿陷性黄土	2～4.5	10	2.5～6	6～12
2	流塑（I_L＞1）、软塑（$0.75<I_L\leqslant 1$）状黏性土；e＞0.9 粉土；松散粉细砂；松散、稍密填土	4.5～6.0	10	6～14	4～8
3	可塑（$0.25<I_L\leqslant 0.75$）状黏性土、湿陷性黄土；$e=0.75～0.9$ 粉土；中密填土；稍密细砂	6.0～10	10	14～35	3～6
4	硬塑（$0<I_L\leqslant 0.25$）、坚硬（$I_L\leqslant 0$）状黏性土、湿陷性黄土；e＜0.75 粉土；中密的中粗砂；密实老填土	10～22	10	35～100	2～5
5	中密、密实的砾砂、碎石类土			100～300	1.5～3

注：1. 当桩顶水平位移大于表列数值或灌注桩配筋率较高（$\geqslant$0.65％）时，m 值应适当降低；当预制桩的水平向位移小于 10mm 时，m 值可适当提高；

　　2. 当水平荷载为长期或经常出现的荷载时，应将表列数值乘以 0.4 降低采用；

　　3. 当地基为可液化土层时，应将表列数值乘以规范表 5.3.12 中相应的系数 ψ_l。

固结试验可用来测定土的固结试验曲线、压缩系数、压缩模量，这已经是通用的成熟做法，作者曾在《工程建设中的土力学及岩土工程问题》一书中针对用固结试验测定土的基床系数进行探讨和建议，地基土水平抗力系数，就是土的水平向基床系数，水平抗力系

本文原载微信公众平台《岩土工程学习与探索》2018 年 8 月 8 日，作者：王长科

数的比例系数就是水平向基床系数随深度变化的比例系数。为此，作者建议模拟地基水平受力，进行单向固结试验，测定水平向基床系数对深度变化的比例系数，即 m 值。

2 固结试验测定 m 值的原理和方法建议

根据土层的模拟水平受力的综合固结试验曲线，先确定该层土相应于不同深度的原位水平应力（有效应力）值 p_{h1}、p_{h2}、p_{h3}、p_{h4}，然后分别从综合固结试验曲线上找到具有相同某一附加变形量的加荷压力段，分别计算相应于不同深度的基床系数值，即水平向抗力系数值 k_{h1}、k_{h2}、k_{h3}、k_{h4}，绘制 k_{h1}、k_{h2}、k_{h3}、k_{h4} 和深度 z 的关系图，用最小二乘法找出水平向抗力系数随深度变化的比例系数，即 m 值。

3 工程案例

图 1 是某工程的粉质黏土层的综合固结试验曲线示例，层顶埋深 10m，层厚 5m。

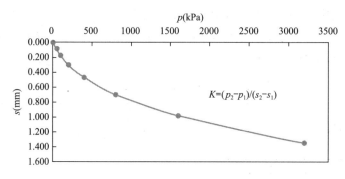

图 1 某工程粉质黏土层的综合固结试验曲线

该层的平均重度 $20kN/m^3$，分别列出该层 4 个深度的数值：

深度 $z_1 = 5m$，原位水平应力 $p_{h1} = 50kPa$，相应固结试验变形量 $s_1 = 0.093mm$，增加 0.5mm 后的变形量 $s_{12} = 0.593mm$，相应的压力 $p_{h12} = 579kPa$，基床系数 $k_{h1} = (579-50)/0.5 = 1058MN/m^3$

深度 $z_2 = 10m$，原位水平应力 $p_{h2} = 100kPa$，相应固结试验变形量 $s_2 = 0.187mm$，增加 0.5mm 后的变形量 $s_{22} = 0.687mm$，相应的压力 $p_{h22} = 759kPa$，基床系数 $k_{h2} = (759-100)/0.5 = 1318MN/m^3$

深度 $z_3 = 15m$，原位水平应力 $p_{h3} = 150kPa$，相应固结试验变形量 $s_3 = 0.2578mm$，增加 0.5mm 后的变形量 $s_{32} = 0.7578mm$，相应的压力 $p_{h32} = 917kPa$，基床系数 $k_{h3} = (917-150)/0.5 = 1534MN/m^3$

深度 $z_4 = 20m$，原位水平应力 $p_{h4} = 200kPa$，相应固结试验变形量 $s_4 = 0.478mm$，增加 0.5mm 后的变形量 $s_{42} = 0.978mm$，相应的压力 $p_{h42} = 1567kPa$，基床系数 $k_{h4} = (1567-200)/0.5 = 2734MN/m^3$

绘出基床系数（水平反力系数）k_h 随深度 z 的关系，见图 2。从图中确定出，该层土的 m 值为 $104MN/m^4$。

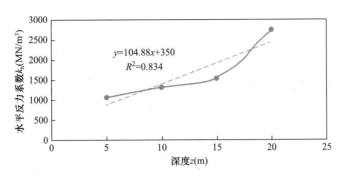

图 2　水平反力系数与土层深度关系曲线

4　小结

m 值的模拟测定实际上是很复杂的，还有很多问题需要研究。本文给出一个室内试验测定的新思路，供同行工程师参考，不妥之处，请指正。

参考文献

［1］　王长科. 工程建设中的土力学及岩土工程问题——王长科论文选集［M］. 北京：中国建筑工业出版社，2018.

湿陷系数随压力而变的思考和建议

【摘　要】　分析了湿陷系数的本质，建议提供完整的湿陷系数曲线以便全面掌握土的湿陷特性。

1　前言

湿陷性是黄土在一定压力作用下受水浸湿后，土质结构迅速破坏而产生显著附加沉陷的现象，是土的特殊性质之一，工程上应给予特别重视。当前进行湿陷性黄土的岩土工程勘察时，按照现行的《湿陷性黄土地区建筑标准》GB 50025—2018 和《岩土工程勘察规范》GB 50021—2001（2009 年版）的要求，除查明湿陷性土的分布情况外，通过探井取样试验，提供湿陷起始压力、自重湿陷系数和一定压力下的湿陷系数，用于计算自重湿陷量和总湿陷量。

2　湿陷系数曲线的思考

试验研究发现，土的湿陷性是很复杂的，湿陷量大小和压力、含水量、孔隙比、密度等有关，湿陷系数随压力而变（图1～图3）。

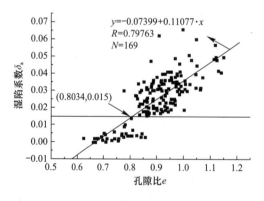

图1　天然孔隙比-湿陷系数关系

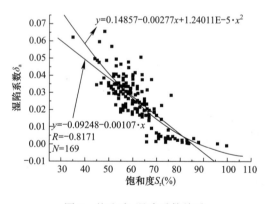

图2　饱和度-湿陷系数关系

用湿陷起始压力、自重湿陷系数和湿陷系数三个参数来表达特定土的湿陷性质，是不全面的。有研究报道湿陷系数曲线的特点就这说明了这一点，湿陷起始压力、峰值压力、终止压力、湿陷终止含水量、湿陷终止饱和度、湿陷起始孔隙比等特征参数明显。从理论上说，湿陷量的计算，对特定的土质，应先找到各取样试验点的竖向压力，然后按照相应

本文原载微信公众平台《岩土工程学习与探索》2019 年 10 月 31 日，作者：王长科

压力下的湿陷系数，按取样点代表的深度段，用分层总和法计算，再考虑地区性的修正系数，最终得到湿陷量。黄土规范也是这样的思路，只是为了工程计算方便，用200kPa或其他压力下的湿陷系数作为湿陷系数，《湿陷性黄土地区建筑规范》GB 50025—2004 规定了对 10m 之下用自重湿陷系数代替，《湿陷性黄土地区建筑标准》GB 50025—2018 已予以取消。

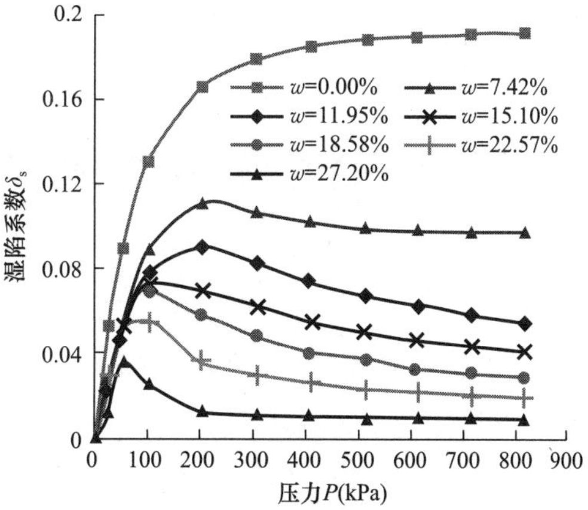

图 3　不同初始含水量下双线法
湿陷系数曲线比较

3　建议

测试提供完整的湿陷系数曲线，按工程条件下可能工况的实际压力下的湿陷系数计算湿陷量，甚至不再专门区分自重湿陷和非自重湿陷。自重湿陷系数只对应湿陷系数曲线上的一个点。从而不再只提供湿陷起始压力、自重湿陷系数和湿陷系数等三个特征参数。

参考文献

[1]　张茂花，谢永利，刘保健. 增减湿时黄土的湿陷系数曲线特征 [J]. 岩土力学，2005，26（9）：1363-1368.

[2]　王长科. 工程建设中的土力学及岩土工程问题——王长科论文选集 [M]. 北京：中国建筑工业出版社，2018.

超限高层建筑岩土工程勘察需要重视的几个问题

【摘　要】　"超限"的岩土工程勘察，其深入性、科学性、可靠性和精准性，尤其是岩土地震工程的条件和参数的客观性，对保障"超限"的结构抗震安全性和预期的性能目标，至关重要。本文就"超限"及"超限"专项审查的特殊性需求进行阐述，提出岩土工程勘察中需要重视的几个问题。

1　前言

2015年5月21日，住房城乡建设部发布《超限高层建筑工程抗震设防专项审查技术要点》（2015版），其中对岩土工程勘察、地基基础方案等技术内容提出了要求。

就目前看，超限高层建筑工程（以下简称"超限"）项目在进行岩土工程勘察时，对需要精心、精准，甚至加强、加深、开展的专项岩土工程勘察重视不够，甚至有的"超限"项目，在进行岩土工程勘察时，并未明显体现出"超限"的特殊性需求。

本文针对"超限"及"超限"专项审查的特殊性需求，岩土工程勘察中需要重视的几个问题进行阐述，供同行参考。

2　"超限"的定义

按照《超限高层建筑工程抗震设防专项审查技术要点》（2015版）第2条的规定，超限高层建筑工程包括：

（1）高度超限工程：指房屋高度超过规定，包括超过《建筑抗震设计规范》（以下简称《抗震规范》）第6章钢筋混凝土结构和第8章钢结构最大适用高度，超过《高层建筑混凝土结构技术规程》（以下简称《高层混凝土结构规程》）第7章中有较多短肢墙的剪力墙结构、第10章中错层结构和第11章混合结构最大适用高度的高层建筑工程。

（2）规则性超限工程：指房屋高度不超过规定，但建筑结构布置属于《抗震规范》《高层混凝土结构规程》规定的特别不规则的高层建筑工程。

（3）屋盖超限工程：指屋盖的跨度、长度或结构形式超出《抗震规范》第10章及《空间网格结构技术规程》《索结构技术规程》等空间结构规程规定的大型公共建筑工程（不含骨架支承式膜结构和空气支承膜结构）。

从上述定义看，"超限"主要是指建筑物的高度或结构布置的规则性，屋盖的跨度、

本文原载微信公众平台《岩土工程学习与探索》2018年7月15日，作者：王长科

长度或结构形式等超出了现行规范的规定。规范是指导工程实践的依据，是科研和成功工程经验的积累和结晶，这说明，工程实践经验的积淀，还不足以将"超限"的工程设计按照普通工程设计来对待。因此，需要进行超限高层建筑工程的抗震设防专项审查，确保结构抗震安全性和预期的性能目标，以期实现安全适用、技术先进、经济合理和保护环境的建设目标。

3 "超限"抗震设防专项审查的资料要求

（1）高层建筑工程超限设计可行性论证报告。

（2）岩土工程勘察报告。应包括岩土特性参数、地基承载力、场地类别、液化评价、剪切波速测试成果及地基基础方案。当设计有要求时，应按规范规定提供结构工程时程分析所需的资料。处于抗震不利地段时，应有相应的边坡稳定评价、断裂影响和地形影响等场地抗震性能评价内容。

（3）结构设计计算书。对计算结果应进行分析，时程分析结果应与振型分解反应谱法计算结果进行比较。对多个软件的计算结果应加以比较，按规范的要求确认其合理、有效性。风控制时和屋盖超限工程应有风荷载效应与地震效应的比较。

（4）初步设计文件。

（5）提供抗震试验数据和研究成果。

4 "超限"抗震设防的控制条件

"超限"的抗震设防专项审查的重点，是保障结构抗震安全性和预期的性能目标。审查内容主要包括：建筑抗震设防依据、场地勘察成果及地基和基础的设计方案、建筑结构的抗震概念设计和性能目标、总体计算和关键部位计算的工程判断、结构薄弱部位的抗震措施、可能存在影响结构安全的其他问题。

对于特殊体型（含屋盖）或风洞试验结果与荷载规范规定相差较大的风荷载取值，以及特殊超限高层建筑工程（规模大、高宽比大等）的隔震、减震设计，宜由相关专业的专家在抗震设防专项审查前进行专门论证。

5 "超限"抗震设防专项审查中关于岩土工程勘察和地基基础设计的要求

"超限"的岩土工程勘察和地基基础设计，应满足下列要求，对支座水平作用力较大的结构，尚应注意抗水平力基础的设计。

（1）关于岩土工程勘察成果

1）波速测试孔数量和布置应符合规范要求；测量数据的数量应符合规定；波速测试孔深度应满足覆盖层厚度确定的要求。

2）液化判别孔和砂土、粉土层的标准贯入锤击数据以及黏粒含量分析的数量应符合要求；液化判别水位的确定应合理。

3）场地类别划分、液化判别和液化等级评定应准确、可靠；脉动测试结果仅作为参考。

4）覆盖层厚度、波速的确定应可靠，当处于不同场地类别的分界附近时，应要求用内插法确定计算地震作用的特征周期。

（2）关于地基和基础的设计方案

1）地基基础类型合理，地基持力层选择可靠。

2）主楼和裙房设置沉降缝的利弊分析正确。

3）建筑物总沉降量和差异沉降量控制在允许的范围内。

6 "超限"的岩土工程勘察应当重视的几个问题

从前述几个内容看，"超限"系指建筑结构的"超限"，抗震设防专项审查的重点是保障"超限"的结构抗震安全性和预期的性能目标。由此可以看出，"超限"的岩土工程勘察，其深入性、科学性、可靠性和精准性，尤其是岩土地震工程的条件和参数的客观性，对保障"超限"的结构抗震安全性和预期的性能目标，是至关重要的。

（1）活动断裂。抗震设防烈度等于或大于7度的重大工程场地应进行活动断裂勘察。断裂勘察应查明断裂的位置和类型，分析其活动性和地震效应，评价断裂对工程建设可能产生的影响，并提出处理方案。

（2）不良地质和岩土地震稳定性。滑坡、滑移、崩塌、塌陷、泥石流、采空区、岩溶、土洞、冲刷、渗透变形、震陷等。

（3）场地的抗震设防烈度、设计基本地震加速度和设计地震分组。需要时，要进行地震安全性评估、抗震设防区划。

（4）地段对建筑抗震有利程度的判别。分为有利地段、一般地段、不利地段、危险地段。对不利地段，要分析判断其不利程度及其对地震影响系数的放大效应；危险地段，避不开的，要提出专门研究的建议。

（5）岩土剖面、剪切波速、卓越周期、地下水、覆盖层厚度、等效剪切波速、场地类别、地震影响的特征周期。进行时程分析的，尚需要提供岩土的动力参数（动剪切模量、阻尼比等）。

（6）液化判别、液化指数和液化等级。

（7）地基均匀性、岩土特殊性与地基承载力、地基变形，地基处理与地基基础方案建议及设计参数。

（8）边坡方案。

7 结论

"超限"的岩土工程勘察，其深入性、科学性、可靠性和精准性，尤其是岩土地震工程的条件和参数的客观性，对保障"超限"的结构抗震安全性和预期的性能目标，至关重要。为此，岩土工程勘察要认真、深入，精准查清抗震设计地质条件，精确测试，综合判断，为"超限"的抗震设计提供可靠资料和建议。

参考文献

[1] 中华人民共和国住房和城乡建设部. 建筑抗震设计规范：GB 50011—2010（2016 版）［S］. 北京：中国建筑工业出版社，2016.

[2] 王长科. 关于地震液化深度的思考和建议.［EB/OL］. 岩土工程学习与探索，2017-10-26.

[3] 王长科. 抗震设计中的场地类别划分有学问.［EB/OL］. 岩土工程学习与探索，2017-12-04.

[4] 王长科. 建筑抗震不利地段的判别思考和建议［EB/OL］. 岩土工程学习与探索，2018-07-13.

[5] 王长科. 工程建设中的土力学及岩土工程问题——王长科论文选集［M］. 北京：中国建筑工业出版社，2018.

谈勘察结论与建议的编写

【摘 要】 辨析了"结论"的哲学含义，对勘察报告的"勘察结论与建议"编写进行了探讨和建议。

1 前言

在编制岩土工程勘察报告时，最后一章一般是"勘察结论与建议"，对于其中的"勘察结论"，岩土工程师往往重视不够，实际上这是一个很重要的章节。从国外的岩土工程勘察报告内容看，有不少勘察报告第一章就是"勘察结论与建议"，这足以说明，对于后续用户来说，勘察结论是非常重要的，而且是要首先看的。这好比去医院看病，诊断结果出来之后，患者看的第一眼，是要先看结论，而不是急着先看诊断过程和依据，对诊断结论有疑问时，再去看诊断的方法、过程和依据。所以，勘察工作完成后，在整理分析基础上，编制好勘察结论是非常重要的。

2 "勘察结论"的含义

按照百度百科的解释：结论从逻辑学来看是从一定的前提推论得到的结果，对事物做出的总结性判断。由此，结论是相对一定条件而言的，结论与条件互为因果关系，条件（原因）是引起一定现象的现象，结论（结果）是由于条件作用而产生的现象。

按《现代汉语词典》（商务印书馆出版，2005 年版）的释义：结论是从前提推论出来的判断；对人或事物所下的最后的论断。

由此看来，勘察结论并不是直接的勘察结果，而应是对直接勘察结果（搜集资料、踏勘、调查、工程地质测绘、勘探、物探、取样及试验、原位测试等）进行整理、概化、分析计算、对比验证、推断和测算后，为方便后续用户抓住重点，给出的具有针对性、客观性、资料性、科学性、经验性、简明性、要点性、归纳性、实用性和指导性的总结与论断。应该说，勘察结论是客观与主观、科学与经验的有机统一。

勘察结论有点类似医院诊断报告中的最后一条"印象"。比如：某患者的诊断报告最后一条，印象"肾囊肿"，显然具有明显的判断性。

3 "勘察结论与建议"应包含的方面

"结论"应包括：地形地貌及场地稳定性；地层、持力层及其工程特性与特殊性；地

本文原载微信公众平台《岩土工程学习与探索》2018 年 11 月 24 日，作者：王长科

下水；不良地质；环境地质（含地下埋藏物、周边环境及地质环境）；岩土工程设计关键参数（如地基承载力）；地震效应；水土腐蚀性。

"建议"应包括：岩土工程方案建议；分别对设计、施工、安全生产、检测、监测、运营及环境保护等的建议；对本次勘察后续需要开展进一步工作或专项工作的建议。

本文简述了关于编写岩土工程勘察报告中"勘察结论与建议"的探讨，旨在提醒岩土工程师要对此更加重视。由于当前勘察市场合同委托的多样性，具体到每个工程编制报告给出的结论与建议，需要具体问题具体分析。

BIM 技术在岩土工程中应用浅述

【摘　要】 随着信息化发展，BIM 深入各个领域。BIM 技术飞速发展，给建筑业带来的变革有目共睹，特别是在建筑、水电、设备和结构专业中效果显著，相比之下岩土工程专业上 BIM 应用尚处于起步阶段。现有 BIM 软件针对岩土工程需要而开发的功能模块有限，部分功能在 BIM 实现起来尚有一定的难度；但这并不代表 BIM 不适用于岩土工程，通过二次开发，软件升级等过程可以克服这些困难。本文通过对 BIM 在岩土工程中的运用进行研究，证明 BIM 技术完全可以运用在岩土工程的多个领域中，并且具有以往传统方法所没有的优势。

1　前言

BIM（Building Information Modeling）技术是一种应用于工程设计建造管理的数据化工具，通过参数模型整合各种项目的相关信息，在项目策划、运行和维护的全生命周期过程中进行共享和传递，使工程技术人员对各种建筑信息做出正确理解和高效应对，为设计团队以及包括运营单位在内的各方建设主体提供协同工作的基础，在提高生产效率、节约成本和缩短工期方面发挥重要作用。BIM 技术具有可视化、参数化、数字化、协同化、可模拟、可优化六大特性。自 BIM 产生以来，其应用价值已经得到行业的高度关注和普遍认可。而国内在这方面的研究及应用相对较晚，目前在部分大型复杂工程也开始得到应用，越来越多的建设方、设计方、施工方参与到 BIM 应用中来，也取得了越来越多的成果。

2　BIM 在岩土工程中的应用概况

（1）BIM 软件支撑

BIM 技术应用为一系列软件共同支撑下完成的一系列信息成果，其复杂性就决定一个软件无法完成一个项目。其实 BIM 不是一个软件的事，准确一点应该说 BIM 不是一类软件的事，而且每一类软件的选择也不只是一个产品，这样一来要充分发挥 BIM 价值为项目创造效益涉及常用的 BIM 软件数量就有十几个到几十个之多了。一般将 BIM 软件分为两部分，一种为核心软件，另一种为配套软件。因岩土工程的特性区别于上部结构，至今还没有一款计算分析软件能有效和 BIM 软件整合，导致计算分析软件脱离 BIM 软件独立进行。在应用平台选择上，给很多岩土单位造成困惑。为保证上部专业的信息传输通畅，部分企业选择 Revit 软件，但为了提高设计效率，很多单位及软件开发公司都在做更多的探索和开发。

本文原载《北勘科技》2019 年，作者：张春辉；指导：王长科

（2）BIM 在岩土工程应用现状

当 BIM 在上部专业应用越来越顺畅，而在岩土工程中由于各种原因导致其应用受阻，总结其原因主要有以下几个方面：

① BIM 收费机制缺失，设计成果与当前的成果提交要求并不一致，岩土工程设计和复杂的上部结构有较大区别，表现方案成果依然采用 2D 的图纸，如业主单位未强制或者未有付费机制，设计方从经济上考虑不愿意花代价在 BIM 上，也在一定程度阻碍设计单位积极性。

② BIM 软件的不配套，虽然经过几年的发展，至今还没有在岩土工程中专门应用的 BIM 软件，各种软件都有着其局限性。采用 Revit 软件，就必须解决地质建模、族构件建立、信息的表达、计算分析的实现、出图算量的差别等各种问题，否则就无法取代现在的设计方式。

③ BIM 推广局限性，因为岩土工程有别于上部工程，其应用价值无法得到很好体现，岩土工程设计专业对 BIM 需求并不强烈，导致人员普及率较低。若开展 BIM 技术应用，则需要巨大的软件投入、硬件投入和员工培训投入，无法在短时间内快速实现，推广的意愿不强。

④ BIM 岩土工程应用的缺陷，岩土施工涉及的土方工程往往较为粗糙，实际工程和模型误差较大；其次，施工材料往往是在现场形成，预制件较少，BIM 信息不能较好体现；最后，岩土施工方掌握 BIM 的程度较低，无法很好地利用 BIM 为施工服务，以上原因导致施工方并不是很愿意接受 BIM。

（3）BIM 在岩土工程实现的难点

① 地质模型的建立

在 Revit 软件中没有专门建立地质体的模块，内置体量模块可以建立任意复杂的模型，是通过拉伸、放样、融合等方式形成，通过剖面图方式形成地质体地层接触面无法有效贴合，特别是起伏、尖灭、透镜等地质体的形成更困难，因此需借助其他软件。通过其他软件生成的地质体再导入 Revit 中进行编辑。然而 Revit 对体量的编辑并不理想，会出现切割不好控制，或者空心切割无法实现的情况。

② 构件的建立

岩土工程中所采用的结构和上部结构有较大区别，而这些结构在 Revit 很少存在。在实际建模中，一般采用相似构件代替，或者自建族构件的方式。在项目实施同时，必须建立所需构件，并将其进行了参数化，以便应用在不同的项目中。

③ 模型的应用

岩土工程中很多结构是埋藏在地下，如支护桩、锚索、花管等，采用上部结构所使用的常规监测仪器无法监测到地下部分，其真实准确性无法和 BIM 模型进行对比分析。在岩土施工应用过程中，还是通过传统监测方式，再人为地进行对比分析，其便捷性也需要进一步解决。

3 BIM 在岩土工程中的运用

（1）建立三维地质模型

三维地质模型在实际工程的运用中具有十分重要的意义。现有勘察报告中普遍采用的柱状图、剖面图与钻孔平面信息作为成果，报告使用人再根据这些成果重构整个地质情况，不同人重构模型具有一定的差异，从而可能会导致报告成果出现人为错误，从而降低成果质量；建立三维地质模型，可以将地层信息融合到地质模型中，展示方式不再局限于点（钻孔柱状图）和面（钻孔剖面图）的形式，表示方式更直观，可以完整地将场地地质情况展示。

现有 BIM 平台中实现三维地质建模的方法有几种，各有特色。

① 利用 Revit 体量方法建立模型，但钻孔数据录入工作量大。

② 利用 Revit 平台中构建楼板的功能模拟地层的方法构建三维地质模型，采用修改子图元功能增加钻孔点位，对每层土（岩）的分界面标高信息进行定义，该方法生成的三维地质模型为体模型，同样可以进行编辑、统计、分析、剖切等操作。但是 Revit 平台的剪切功能，剪切后须保留辅助图元，但如果剪切过多时，会导致辅助图元过多，容易混淆，并且在各个视图中需隐藏辅助图元，操作繁琐。

③ 利用 Civil 3D 最新的曲面建模的方法，将每个地层的层顶标高和坐标导入生成三维的曲面数据，再由曲面之间的相互关系生成实体，即为每层土（岩）层实体。所生成的实体可以进行布尔运算，可以对基坑开挖进行模拟。该方法支持钻孔信息的批量导入，使用方便，对于局部透镜和尖灭土（岩）层，须事先计算限制边界和标高后方可导入。

④ 利用理正勘察三维地质建模软件，该方法在传统理正勘察软件中进行地层统计，然后将该数据导入理正勘察三维地质建模软件中，进行连层划分，即可生成三维地质模型，操作简单，并可以对地层进行任意剖切、基坑开挖、场地平整等，如图 1 所示。

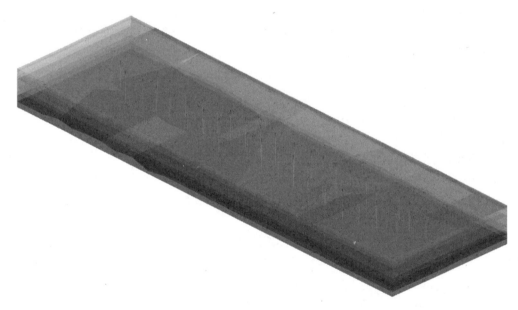

图 1　三维地质实体

（2）建立三维岩土工程设计方案

BIM 平台上进行岩土工程方案设计和调整方案，可以提高技术人员的工作效率。复杂的基坑方案可以一次建模，多面出图；修改方案时直接修改三维模型，平面图和剖面图联动更新，避免以往剖面图修改了平面图上还没更新的情况，减少图纸的错误。

利用碰撞检查功能，验证设计方案的合理性，减少设计错误带来的成本浪费，如桩基础与持力层模型进行碰撞检测，可计算出桩群桩端进入持力层的深度，根据碰撞结果再调整桩长保证在满足设计要求的前提下，桩长按最经济的方案定，减少工程造价。同时可以与其他专业进行联合设计，消除不同专业之间的设计冲突，如图2所示。

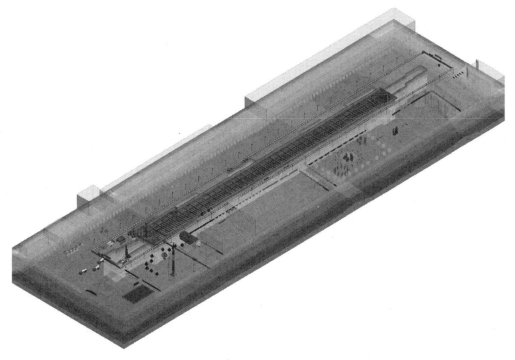

图2　多专业整合

（3）施工动态模拟及施工指导

三维的BIM模型加上施工工期和成本变化可以实现BIM 5D动态模拟，直观、精确地反映整个施工过程，有助于施工方对整个工程的施工进度、资源调配和质量安全进行统一的管理和控制，也可以进一步对原有的施工方案进行优化和改善。

复杂的钢筋混凝土结构节点，在平面图纸上表示并没有三维模型直观，BIM模型可以将复杂的钢筋布置建模，多角度察看，对钢筋绑扎施工有很好的指导作用，如图3所示。

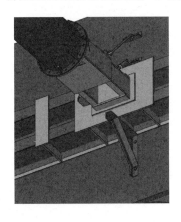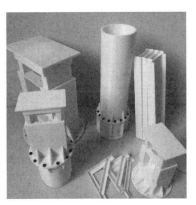

图3　施工指导

4 小结

随着 BIM 技术的不断发展，BIM 技术完全可以运用在岩土工程领域，并具有传统方法无法比拟的优势，在提高设计效率、改善沟通效果、加强质量控制方面具有极大的优势，是未来岩土工程信息化设计和施工的发展方向。

参考文献

[1] 郭威，胡碧波. BIM 技术在岩土工程中应用浅述 [J]. 城市建设理论研究（电子版），2016，(23)：76-77.

[2] 张春辉，武文娟，宋杨. BIM 技术在基坑设计中的应用 [J]. 山西建筑，2017，43 (5)：121-122.

[3] 慕冬冬，付晶晶，胡正欢，邵凌，黄立鹏. BIM 技术在深基坑工程设计中的应用 [J]. 施工技术，2015，44 (S1)：773-776.

[4] 戴一鸣，任彧. 第七届全国岩土工程实录交流会特邀报告——探讨 BIM 在工程勘察应用的可行性 [J]. 岩土工程技术，2016，30 (1)：6-11.

[5] 刘续，刘志浩，雷志娟. BIM 在岩土工程中应用探索——以武汉亚洲医院基坑工程为例 [J]. 岩土工程技术，2016，30 (2)：85-88.

[6] 黄佳铭，郑先昌，侯剑，贺冰，刘阳. BIM 技术在岩土工程中应用研究 [J]. 城市勘测，2016，(2)：157-160.

[7] 彭曙光. BIM 技术在基坑工程设计中的应用 [J]. 重庆科技学院学报（自然科学版），2012，14 (5)：129-131.

浅析工程勘察行业信息化建设

【摘　要】　随着工程勘察在传统方法中遇到越来越多的问题，工程勘察逐步从数字化向信息化、智能化阶段发展。然而，工程勘察行业在信息化建设中遇到了认识水平不高、标准滞后、缺乏法规规范、信息安全等问题。因此有必要对工程勘察信息化的标准、法规、模式等问题做进一步研究，以推动工程勘察信息化在深度和广度方向进一步发展。

1　前言

目前，我国经济的快速增长为信息化的显著发展提供了基础，缩小了与发达国家之间的差距。现阶段信息化主要以物联网和云计算为代表，这两项技术掀起了计算机、通信、信息内容监测与控制的4C革命，改变了我们生产、生活、工作、学习的方式，极大地推动了社会的进步。工程勘察行业作为国民经济基础产业的重要组成部分，在工程建领域中发挥着重要的引领和主导作用。然而工程勘察行业采用信息化的工作模式相对其他行业较晚，严重影响工程勘察行业的发展。因此，如何将信息化技术应用于工程勘察行业，以便提高工作效率和提升技术水平成为现阶段急需解决的问题。

2　发展阶段

20世纪70年代，随着我国改革开放，计算机硬件、软件等开始流入市场，各行业也开始应用计算机辅助工作。进入20世纪80年代，我国计算机产业开始蓬勃发展，结束了软硬件依靠进口的时代，工程勘察行业信息化建设的步伐也随之加快，开始甩掉图板，应用CAD软件辅助绘图。1996—2000年，全行业基本实现100%CAD出图，彻底做到了"甩图板"，同时三维模型设计被纳入国家"863计划"，推动了各大设计院、科研院所启动三维建模的研究。

2000年以后，信息化得到了高速发展，一些先进的工程勘察单位开始建立业务数据库、开发管理信息系统，应用于原位测试及土工试验等仪器的自动采集技术使用广泛，显著地提高了企业的生产效率，推动了整个行业的进步。政府方面先后颁布制定《全国工程勘察设计行业2000—2005年计算机应用工程及信息化发展规划纲要》《"十一五"工程勘察设计行业信息化发展规划纲要》《工程勘察设计行业2011—2015年发展纲要》《"十二五"工程勘察设计行业信息化工作指导意见》等，这些文件对于工程勘察设计行业信息化建设具有重要的指导意义和极大的推进作用。

当前工程勘察行业信息化建设已经取得了一些成绩，但信息化在物联网、云计算、

本文原载《北勘科技》2020年，作者：张春辉；指导：王长科

BIM 技术等方面又有了新的发展，所以工程勘察行业信息化建设还有很长的路要走。住房和城乡建设部在 2016 年 8 月颁布《2016—2020 年建筑业信息化发展纲要》，明确指出在工程项目勘察中，推进基于 BIM 进行数值模拟、空间分析和可视化表达，研究构建支持异构数据和多种采集方式的工程勘察信息数据库，实现工程勘察信息的有效传递和共享。在工程项目策划、规划及监测中，集成应用 BIM、GIS、物联网等技术，对相关方案及结果进行模拟分析及可视化展示。在工程项目设计中，普及应用 BIM 进行设计方案的性能和功能模拟分析、优化、绘图、审查，以及成果交付和可视化沟通，提高设计质量。2016 年 12 月中国勘察设计协会发布《"十三五"工程勘察设计行业信息化工作指导意见》，指出以信息技术为支撑，勘察企业应当研究运用三维、可视、仿真模拟和互联网等信息技术，构建工程勘察信息数据库，实现工程勘察信息的有效传递和共享。2017 年 3 月住房和城乡建设部发布《工程质量安全提升行动方案》，用 3 年时间，即 2017—2019 年推进信息化技术应用，推进勘察设计文件数字化交付、审查和存档工作，加强工程质量安全监管信息化建设。4 月份继续发布《关于开展工程质量安全提升行动试点申报工作的通知》。2017 年 5 月住房和城乡建设部颁布《工程勘察设计行业发展"十三五"规划》，指出勘察行业应加强工程勘察质量行为管理，鼓励企业加大钻探取样、原位测试、室内试验等工程勘察设备的研发投入，促进勘察设备升级换代，推进工程勘察基础数据的信息化管理。8 月份，确定试点地区，分别为北京、上海、浙江、山东、云南、广西、新疆，试点地区要求通过影像留存、人员设备定位和数据实时上传等信息化监管方式，推动勘察现场、试验室行为和成果的标准化质量管理，切实提升勘察质量水平。

综上所述，工程勘察行业信息化建设引起了政府、行业及企业的充分认识，在过去几十年中取得了一些进展，信息化建设总体水平稳步提升，但还需要继续深入研究，从而提高整个工程勘察行业技术水平。

3 存在问题

工程勘察信息化建设尽管取得了较大的成绩，但还存在一些问题和不足，主要包括以下几个方面。

（1）认识水平需进一步提高

除沿海及发达地区外，二三线城市的勘察单位对信息化的认识程度不够。有些企业把全部精力都放在业务承揽和项目实施上，仍按传统方法进行工程勘察，忽略了技术储备。有些企业只是把信息化看作是"面子工程"，缺乏务实精神和长远规划。

（2）标准建设滞后

标准是信息化建设的基础，当前工程勘察行业还未制定统一的标准，只是在各试点城市进行了要求。缺乏标准的引导和规范，企业在信息化发展中会走弯路，各地区各企业都按照自己的思路进行软件开发，很难形成数据共享。

（3）缺乏法律法规保证

勘察企业在推进信息化建设的同时必定引起成本的增加，如果没有法律法规的保证，反而将已推行信息化勘察的单位有所束缚。另一方面，多数地区档案管理部门不认可电子版白图，使得企业既要进行信息化勘察，还需再按传统勘察进行工作，增大了工作量，导致小型企业无力推进信息化进程。

（4）信息安全问题突出

随着企业越来越多地依赖信息系统，大量数据储存于系统内，一旦遇到病毒攻击，很容易泄露大量数据。由于目前大多数企业还处在信息化推进的初步阶段，重点放在信息化平台的建设和维护上，忽略了对信息安全的管理。

4　几点建议

针对工程勘察信息化在推进过程中遇到的问题，作者拟提出几点粗浅建议，不妥之处，敬请指正。

（1）行业信息化标准制定。行业协会应积极开展标准的前期调研，吸收优秀科研成果，借鉴国际先进经验，加快推进工程勘察行业信息化标准的编制进程，制定规范的信息化内容、工作流程及数据类型等。

（2）信息化建设法律法规颁布。工程勘察信息化的建设必定离不开法律法规的指导。行政主管部门应充分调研全国各地区、各企业对信息化建设的政策需求，适时出台法律法规，为工程勘察行业推进信息化建设提供良好的环境。

（3）大型企业的引领示范。大型企业拥有人才、技术、市场和财力的优势，应加大信息化投入，制定长效的信息化建设机制，在本地区中起到引领和示范作用。

（4）各企业结合自身情况制定建设规划。受企业自身实际情况的不同，信息化推进程度必然有所差别。但各勘察企业都应制定适合于本单位发展情况的信息化建设规划，以便全面推行勘察信息化时，能够快速转变工作方式。

5　小结

在工程勘察信息化建设进程中，政府、行业协会、科研院所等都需要发挥作用，作为工程勘察信息化建设的主体，勘察企业是推动信息化的根本所在。勘察企业应结合自身实际条件，制定切实可行的信息化规划，提出企业信息化建设的方针、目标、任务、实施步骤和保证措施等。

参考文献

[1] 中国勘察设计协会. 工程勘察设计行业信息化建设调研报告 [J]. 工程建设与设计，2012（12）：28-35.

[2] 中华人民共和国住房和城乡建设部. 2016—2020年建筑业信息化发展纲要 [J]. 建筑安全，2017（1）：4-7.

[3] 刘月月.《"十三五"工程勘察设计行业信息化工作指导意见》发布 [J]. 建筑设计管理，2017（1）：55.

[4] 中华人民共和国住房和城乡建设部. 工程质量安全提升行动方案 [J]. 建筑监督检测与造价，2017（2）：9-10.

地面三维激光扫描关键技术研究

【摘　要】　目前，数字城市、文化遗产数字化保护、大型复杂钢结构建筑物建造、工业厂区精细化管理等方面，都需要分辨率和精度都达到毫米甚至亚毫米级，并应用数字化的手段在计算机中进行存储、管理和可视化。地面激光雷达（LiDAR）的精度和分辨率可以满足精细重建的要求，它主要应用三维激光扫描仪获取高分辨率高精度点云数据进行几何重建，应用非量测相机获取的影像数据进行纹理重建，该技术已经广泛应用在大型古建筑、石窟、遗址、岩画、大型钢结构等工程中。本文就三维激光扫描的几项关键技术进行阐述。

1　前言

三维激光扫描技术的兴起引发了现代测绘行业的一场革命，它具有速度快、精度高、实时性强、主动性强、信息丰富等特点，在行业领域内掀起了三维激光扫描技术的研究热潮。不同于传统单点测量技术，三维激光扫描技术能够对立体目标空间信息进行快速获取，解决了将现实空间信息数据快速转换为计算机三维虚拟空间数据的难题。近年来，随着新一代信息产业的飞速发展，对空间数据获取及数据的准确性要求与日俱增。三维激光扫描技术作为一种先进的全自动高精度立体扫描技术，可以连续、自动、快速采集大量目标物表面三维点云，为快速获取空间数据提供了有效手段。三维点云数据包含了丰富的XYZ三维坐标信息，可获取室内外模型的三维坐标从而实现精确定位。三维激光扫描也对三维建模的发展提供了革命性的技术突破，克服了传统方法通过少量角点坐标建模、信息缺失严重的缺点。本文将从地面三维激光扫描仪器认识及实操、点云配准、模型重建、纹理重建四个关键技术问题进行研究，本文所有的研究都建立在试验数据的基础上。

2　地面激光扫描仪认识及实操

三维激光扫描仪按照搭载平台可以分为机载、车载、站载、手持四种。三维激光扫描仪按照测距方式可以按照时间差和相位差的方式来进行划分。时间差要求时间分辨率很高，而相位差的仪器则载波短、精度高、尺长小。

通过三维激光的方式来测量具有速度快，不需要直接接触目标，数据量大，精度高等优点。缺点是多个站扫描的数据不连续，是独立的，而且需要处理的数据量太大，有时候能达到计算机无法处理的程度。测得的点云数据没有实体特征参数，无长、宽、高数据等，只是离散点的坐标。多个站扫描的时候需要布设标靶点，标靶点是精密配准的依据。

本文原载《基层建设》2019 年第 29 期，作者：张勇；指导：王长科

有球形标靶，圆形标靶，以及交叉线标靶等。通常情况下使用球形标靶，优点是各个方向扫描形状相同，缺点是不易携带。本文以站载式地面三维激光扫描仪为例，仪器实操主要包含以下关键技术：①安置扫描仪，无需对中，只需整平即可。②软件与扫描仪连接。③相机与扫描仪连接。④获得照片。⑤设置扫描密度和范围。⑥扫描目标（本次主要将扫描目标定为北方工程设计院主楼）如图1所示。

图1　北方工程设计院主楼

3　点云配准技术

由于地面三维激光扫描仪每一次摆站获取的数据都具有独立的坐标系，点云配准的目的就是要把多个不同的坐标系内的激光点云数据统一到同一个坐标系中，这样点云才能够应用。点云数据配准包括点云数据逐站配准和整体配准两方面。激光雷达点云逐站自动配准是提高点云数据处理效率的主要手段，也是解决精细三维重建的首要内容。逐站配准方面，包括标靶配准和无标靶配准两种方式。标靶的类别如图2所示，分别是球形标靶和平面标靶。

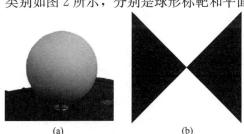

(a)　　　　　　　　(b)

图2　标靶的两种类型

这里主要阐述无标靶、以同名点形式的点云配准方法。点云配准最常用、最稳定的算法是ICP算法，该算法需要选定初值，最后迭代直到收敛为止。

以点云处理软件Cyclone以及试验数据"niu. imp"为例，阐述点云配准的关键技术。

① 在Cyclone软件中加载试验数据，这里加载的数据为牛niu. imp（包括S1. ptx，S2. ptx，S3. ptx四站独立坐标系的数据）。

② 在模型空间中分别打开S1和S3两站扫描数据。

③ 对S1标记四个同名点，并且分别对这四个点命名为P1、P2、P3、P4。对S3中在同样的位置标记四个同名点，同样一一对应的起名为P1、P2、P3、P4。

注：这里采用的点云配准方式为无标靶式配准。此种方法的优点是可以大大节省外业激光扫描的工作量，使得外业工作方式更加灵活，不受摆设标靶球的限制。

④ 开始进行配准，分别将S1和S3加载进软件。

⑤ 打开配准之后的点云，点云配准完成。可以在软件中查看点云配准的精度，通常将配准精度控制在毫米级，即可满足一般的精度需求。

点云配准过程如图3所示。

4　模型重建技术

模型重建技术的主要研究内容是如何将真实的空间地物数字化为计算机能够处理与存储的几何模型，通过获取三维空间坐标及其他属性进行数字化建模。这一技术被广泛应用于社会生活的方方面面，如精密工业测量、逆向工程、大型建筑物变形监测、仿生训练系统、医学检查与矫形、文化遗产保护、服装制鞋设计、动画游戏开发等，它的发展直接或间接地推动了各学科的技术进步，产生了巨大的经济社会效益。

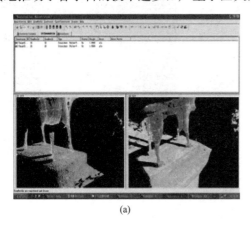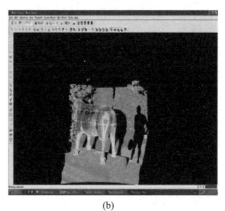

(a)　　　　　　　　　　　　　　　　(b)

图 3　点云配准

模型重建技术包含点云去噪、点云抽稀、模型简化、补洞、平滑等一系列后处理过程，该技术建立在点云配准的基础上，利用点云模型重构空间实体对象，以 Geomagic 软件以及试验数据"lajitong.ptx"为例，对重构模型进行补洞、数据简化等相关的处理，构建完整对象三维几何模型。模型重建主要包含以下关键步骤。

① 打开垃圾桶"lajitong.ptx"点云数据，并对点云数据进行着色。

② 对点云数据进行去噪处理。去噪的主要作用是去除和模型重建无关的有误差的离散点云。

③ 对点云进行抽稀处理。抽稀的主要作用是将点云配准以后的整体点云进行精简。

④ 对去噪、抽稀后的点云进行封装处理。

⑤ 网格医生和简化操作。主要作用是去除重建之后的三角网模型的三角面片的个数。

⑥ 填充孔操作。对简化后的重建的三维模型的漏洞进行补洞。

⑦ 填充孔之后用橡皮擦进行平滑处理。主要作用是去除模型表面的钉刺物，达到减小锐化，增大平滑的目的。

模型重建过程如图 4 所示。

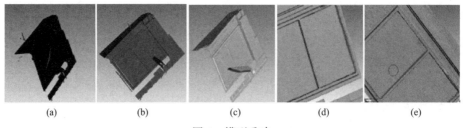

(a)　　　　　(b)　　　　　(c)　　　　　(d)　　　　　(e)

图 4　模型重建

5　纹理重建技术

激光雷达数据缺少彩色纹理信息，影像点云与激光点云的配准建立了影像纹理和三维点云模型的对应关系，能够实现影像与点云数据的无缝纹理映射，生成彩色仿真模型。纹理重建技术主要是利用三维几何模型和相机CCD获取的纹理信息数据，利用点与点匹配的原理构建空间对象三维仿真模型。本文以 Geomagic 软件以及试验数据"simuwuding. wrp"为例来阐述模型重建的过程。模型重建主要包含以下关键步骤。

① 在软件 Geomagic 中加载"simuwuding. wrp"数据。

② 打开工具命令，纹理贴图，生成纹理贴图，调取相机 CCD 获得的照片数据。

③ 投影影像，加载图像，并选择同名点，完成操作。

④ 点云和模型进行纹理映射，纹理重建完成。

纹理重建过程如图 5 所示。

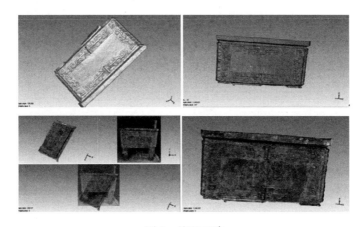

图 5　纹理重建

除上述重建手段外，还可以直接利用彩色点云来拟合三角网来构建 TIN 彩色模型。通过在三维激光扫描仪上安置高分辨率相机，在获取黑白点云的同时捕捉二维照片，在内业处理过程中通过点云和照片像素进行匹配的方式实现点云着色，得到彩色点云。此种方式主要适用于表面不规则有弯曲的实物。另外，三维激光扫描仪安置相机分为内置相机和外挂相机两种模式。目前市场上大多数品牌的激光扫描仪都内置了 CCD 相机，但是分辨率大都不如外挂相机高。如需要获得高分辨率彩色模型，外挂相机是主要技术手段。

6　小结

国内在三维激光扫描技术的研究还处于起步和探索阶段，普及程度处于较低水平，大都存在于国内高校作学习研究使用且偏向于理论，较少投用于实际生产。回首测绘行业数据采集设备从平板仪、经纬仪、全站仪、RTK 的逐步发展，使得数据获取方式越来越便捷和高效。三维激光扫描仪的出现实现了数据获取从单点测绘到多点测绘的跨越，极大提高了作业效率。本文以试验数据为例，对地面三维激光扫描仪的认识及实操、点云配准、模型重建、纹理重建等关键技术问题进行了研究。三维激光扫描获取的三维点云可以快速为古建修复、室内导航、文物保护、工程监测、智慧城市提供精准的基础三维空间数据，解决当前空间数据匮乏的难题，充分发挥空间数据的基础资源作用和创新引擎作用，使之服务于城市决策、规划管理、工程设计等领域，对提升数字化和信息化水平具有极其重要的意义。

参考文献

［1］ 蔡瑞斌. 地面激光扫描数据后处理若干关键技术研究［D］. 同济大学，2008.

［2］ 索俊锋，刘勇，蒋志勇，郑海晨. 基于三维激光扫描点云数据的古建筑建模［J］. 测绘科学，2017
（3）：179-185.

［3］ 鲁冬冬，邹进贵. 三维激光点云的降噪算法对比研究［J］. 测绘通报，2019（S2）：102-105.

第三篇
地基基础工程

地基承载力理论研究发展简史

【摘　要】　阐述地基承载力基本理论研究发展历程。

地基承载力的研究可以追溯到很久以前。中国很多古建筑闻名于世，历经千年岿然不动，地基安全稳定，究其原因，发现多数古建筑采用大底盘基础，基底压力大致在 80kPa 左右。这说明古人在工程建设中对地基承载力有了一定的认识。古人对地基承载力的研究毕竟是一种经验认识和积累。真正对地基承载力进行理论研究，是到了 19 世纪才开始的。

据报道，最早对地基承载力进行研究的是 Pauker（鲍克）。1850 年，Pauker 根据 Coulomb（库仑）土压力理论（1776）建立了世界上第一个地基承载力方程式，该方程适用于无黏性土。

1857 年，Rankine W. J. M.（朗肯）假定地基为理想刚塑体，不考虑地基土的重量，经推导得出了不考虑地基重量影响的地基极限承载力公式。Rankine 承载力公式和 Pauker 承载力公式很相似。

1915 年，Bell（贝尔）考虑土楔体两侧的力平衡，对 Pauker-Rankine 承载力公式进行了修正，使之适用于黏性土。

1920 年，Prandtl L.（普朗特尔）根据塑性理论，导出了刚性基础压入无重量土的极限承载力公式。Prandtl 承载力公式是后来各个学者研究极限承载力的基础。

1924 年，Reissner H.（瑞斯诺）对 Prandtl 极限承载力公式进行了改进。

在这个时期，在世界另一地域，20 世纪 20 年代，苏联学者普兹列夫斯基假定地基附加应力服从 Boussinesq 解，屈服方程服从莫尔-库仑方程，并认为土的侧压力系数为 1.0。经推导得出了地基临塑荷载 p_{cr} 和临界荷载 $p_{1/4}$。

在 1940 年代以前，世界各国学者提出的地基承载力公式，都是假定土是无重量的。为了弥补这一缺陷，20 世纪 40 年代 Terzaghi K.（太沙基）根据 Prandtl 原理，首次提出了考虑土重量的地基极限承载力公式。

1950 年代，Meyerhof G. G.（梅耶霍夫）提出了考虑基底以上两侧土体抗剪强度影响的地基极限承载力公式。

1960 年代，Hansen J. B.（汉森）提出了中心倾斜荷载并考虑其他一些影响因素的极限承载力公式。

1970 年代，Vesic A. S.（魏锡克）引入修正系数和考虑压缩性影响，把整体剪切破坏条件下地基极限承载力公式推广到局部或冲剪破坏时的极限承载力计算。

2000 年，中国沈珠江院士提出了地基极限承载力新公式。

本文原载微信公众平台《岩土工程学习与探索》2017 年 12 月 2 日，作者：王长科

2006 年，中国王长科等人提出了地基第一拐点承载力理论计算公式。计算结果和普兹列夫斯基 $p_{1/4}$ 相当，同样比太沙基地基极限承载力小很多。将载荷板试验条件下的地基第一拐点承载力计算值和载荷试验实测地基承载力特征值相比，就对比资料看，二者基本接近。

回首地基承载力研究史，在多数欧美学者瞄准极限承载力的同时，Vesic A. S.（魏锡克）曾经提到了第一拐点承载力 q_{cr1} 和极限承载力 q_{cr2} 的概念。但后来研究重点一直是极限承载力，q_{cr1} 未见给出进一步研究。2006 年，王长科等人提出的地基第一拐点承载力理论计算公式，在概念上相当于 Vesic A. S.（魏锡克）早期提出的第一拐点承载力 q_{cr1}。

综上，地基承载力理论研究的历史，就是围绕地基极限承载力理论计算和地基容许承载力计算，两个方向展开的。

前述以太沙基为代表的地基极限承载力公式在欧美国家和我国相关行业地基规范中广泛使用。普兹列夫斯基提出的 $p_{1/4}$ 公式经合理修正后被列入国家标准《建筑地基基础设计规范》GB 50007。这些成果在工程实践中都发挥着重要作用。

下面简明列出太沙基、汉森、魏锡克、梅耶霍夫、沈珠江、普兹列夫斯基、王长科等地基承载力理论计算公式，供参考使用。公式适用于标准受压，只考虑基础宽度、超载影响，不考虑其他诸如倾斜等因素。

（1）太沙基地基极限承载力 q_u

$$q_u = N_c c + N_q q + N_\gamma \frac{B}{2} \gamma \tag{1}$$

其中

$$N_c = (N_q - 1)\cot\varphi$$

$$N_q = e^{\pi\tan\varphi}\tan^2\left(45° + \frac{\varphi}{2}\right)$$

$$N_\gamma = 6\varphi/(40 - \varphi)$$

式中，c、φ 分别表示土的黏聚力、内摩擦角；B 表示基础宽度。以下同。

（2）汉森地基极限承载力 q_u

$$q_u = N_c c + N_q q + N_\gamma \frac{B}{2} \gamma \tag{2}$$

其中

$$N_c = (N_q - 1)\cot\varphi$$

$$N_q = e^{\pi\tan\varphi}\tan^2\left(45° + \frac{\varphi}{2}\right)$$

$$N_\gamma = 1.5N_c \tan^2\varphi$$

（3）梅耶霍夫地基极限承载力 q_u

$$q_u = N_c c + N_q q + N_\gamma \frac{B}{2} \gamma \tag{3}$$

其中

$$N_c = (N_q - 1)\cot\varphi$$

$$N_q = e^{\pi\tan\varphi}\tan^2\left(45° + \frac{\varphi}{2}\right)$$

$$N_\gamma = (N_q - 1)\tan(1.4\varphi)$$

（4）魏锡克地基极限承载力 q_u 公式

$$q_u = N_c c + N_q q + N_\gamma \frac{B}{2} \gamma \tag{4}$$

其中

$$N_c = (N_q - 1)\cot\varphi$$

$$N_q = e^{\pi\tan\varphi}\tan^2\left(45° + \frac{\varphi}{2}\right)$$

$$N_\gamma = 2(N_q + 1)\tan\varphi$$

（5）沈珠江地基极限承载力 q_u 公式

$$q_u = \sqrt[3]{1 + \frac{d}{B}} \cdot \left[c\cot\varphi(N_q - 1) + \frac{1}{2}\gamma B N_\gamma\right] \tag{5}$$

其中

$$N_q = e^{\pi\tan\varphi}\tan^2\left(45° + \frac{\varphi}{2}\right)$$

$$N_\gamma = (N_q - 1)\sin\varphi$$

（6）普兹列夫斯基临塑荷载 p_{cr} 和临界荷载 $p_{1/4}$

$$p_{cr} = M_c \cdot c + M_q \cdot q \tag{6}$$

$$p_{1/4} = M_c \cdot c + M_q \cdot q + (1/4)M_\gamma \gamma B \tag{7}$$

其中

$$M_c = \pi/\tan\varphi/(1/\tan\varphi + \varphi - \pi/2)$$

$$M_q = (1/\tan\varphi + \varphi + \pi/2)/(1/\tan\varphi + \varphi - \pi/2)$$

$$M_\gamma = \pi/(1/\tan\varphi + \varphi - \pi/2)$$

经推导，广义临界荷载 $p_{1/n}$

$$p_{1/n} = M_c \cdot c + M_q \cdot q + (1/n) \cdot M_\gamma \gamma B \tag{8}$$

（7）王长科地基第一拐点承载力 q_1 公式

$$q_1 = N_c c + N_q q + N_\gamma \frac{B}{2} \gamma \tag{9}$$

其中

$$N_c = 2\tan^3\left(45° + \frac{\varphi}{2}\right)$$

$$N_q = \tan^4\left(45° + \frac{\varphi}{2}\right)$$

$$N_\gamma = (N_q - 1)\tan\left(45° + \frac{\varphi}{2}\right)$$

地基承载力特征值的综合确定

【摘　要】　回顾了地基承载力基本概念，分析了地基承载力的本质，就地基承载力特征值综合确定中的几个问题进行探讨分析，提出建议。

1　前言

综合确定地基承载力特征值，是岩土工程师的基本功。当前进行岩土工程勘察，尤其是涉及地基基础，对主要受力层内的每层土提供地基承载力特征值 f_{ak}，是必须的工作内容。

确定地基承载力特征值 f_{ak}，目前的方法有：载荷试验法、其他原位测试法、理论计算法、经验查表法和现场鉴别法。在具体工程上，岩土工程师在使用这几种方法时，往往出现用各种方法确定的结果不同，甚至相去甚远。如何分析是所有岩土工程师必须面对的问题。

本文对此进行了探讨，供各位岩土工程师和专家参考，不妥之处，请指正。

2　地基承载力的本质

要不断研究和感悟地基承载力的概念、内涵，这有助于对地基承载力的深刻理解和面对具体工程问题时的综合确定。

（1）地基承载力研究简史

不断考察地基承载力基本理论的发展史，可以感悟不同时代、地区的工程技术发展需求，更多地注意其研究假定和适用范围。详见文献 [1]。

（2）中国使用过的几个历史阶段的地基承载力概念

地基容许承载力 [R]：确保地基不产生剪切破坏而失稳，同时又保证建筑物的沉降不超过允许值的最大荷载。

地基极限承载力 R：使地基发生剪切破坏，失去整体稳定时的基础底面最小压力，即地基能承受的最大荷载强度。地基极限承载力和地基容许承载力是一对承载力概念。

地基承载力基本值 f_0：用某一方法确定的相应于标准基础（载荷板）宽度和埋深时的地基容许承载力代表值。

地基承载力标准值 f_k：考虑了土性指标变异影响后的相应于标准基础（载荷板）宽度和埋深时具有某一特定置信概率的地基容许承载力代表值。

地基承载力设计值 f：地基承载力标准值 f_k 经基础宽度和埋深修正，或直接用地

本文原载微信公众平台《岩土工程学习与探索》2018年10月6日，作者：王长科

基抗剪强度指标标准值，考虑实际基础宽度和埋深，采用承载力理论公式计算得到的地基容许承载力值。地基承载力标准值和地基承载力设计值是一对承载力概念。

地基承载力特征值 f_{ak}：相应于标准基础（载荷板）宽度和埋深时的地基容许承载力代表值。

深宽修正后地基承载力特征值 f_a：地基承载力特征值 f_{ak} 经基础宽度和埋深修正得到的地基容许承载力值，或直接用地基抗剪强度指标标准值，考虑实际基础宽度和埋深，用承载力理论公式计算得到的地基容许承载力值。

（3）地基破坏的三种形式（引自文献［2］）

① 整体破坏（图 1）

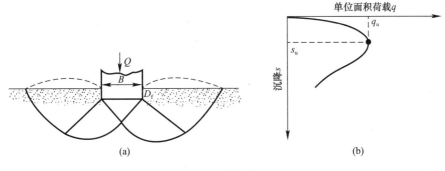

图 1　整体破坏

② 局部破坏（图 2）

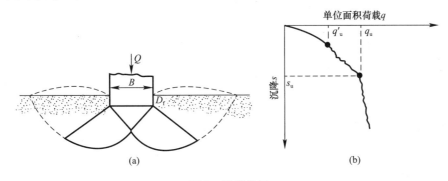

图 2　局部破坏

③ 刺入破坏（图 3）

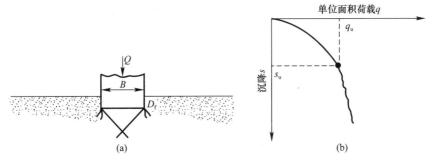

图 3　刺入破坏

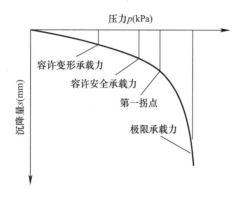

图 4 地基承载力的基本概念

（4）美国地基承载力几个概念

见图 4。

（5）地基承载力的本质

地基承载力不是地基的固有参数，是综合反映地基、基础及地基基础共同作用的一个参数，这一点早已为业界共识。即便如此，因目前进行地基基础设计时，先是依据地基承载力特征值的大小进行承载力验算，进而根据工程需要，进行地基变形控制。因此，虽说地基承载力不是地基的固有参数，但是在工程上，仍是当作一个地基的固有参数来对待。只是，明白了地基承载力的本质，在确定地基承载力特征值以及进行基础深宽修正求取相应于实体基础条件下的地基承载力时，要事先考虑这些影响因素，以便后来的地基基础设计符合岩土特性和工程实体的实际。

地基承载力的研究和确定，基本都是从小尺寸（相对于工程实体而言）的载荷板试验结果对比来的。对于工程实体基础条件，地基承载力应该是指工程实体基础荷载-地基变形曲线（p-s 曲线）上相应于某一特征（曲线特征、荷载控制特征、变形控制特征、地基基础稳定特征及其综合确定的特征）时的荷载值。未来随科技发展，将来如有一天，依据勘察的岩土特性和基础及其上部结构设计、施工、使用条件，能够智慧给出实体基础荷载-地基变形曲线（p-s 曲线），工程实体地基承载力确定和工程实体地基变形控制，将真正获得突破，至此岩土工程发展将进入智慧岩土工程新阶段。

（6）地基承载力确定的难点

无论是采用载荷试验，还是采取其他原位测试、理论计算和经验查表，都涉及一个以点代面的问题。工程实体基础坐在一个和工程实体基础相适应的岩土介质空间体上，而勘察得到的岩土性质指标是从勘探点的位置得到的。如何从有限的勘探点位置得到的岩土性质指标，来评价推断整个实体工程地基空间体的地基承载力，是难点。为此，岩土工程师要善于总结经验并熟悉基本理论，理通法自明，将理论和实践相结合，做好具体问题具体分析。

3 载荷试验法

载荷试验法有平板载荷试验、深井载荷试验和螺旋板载荷试验，这些都有规范规定，都是经验的总结，具体试验时应当执行规定。有一点需要注意，就是深井载荷试验和螺旋板载荷试验，注意试验的深度和未来的工程实体基础埋深两个可能的不同，这牵涉超载的影响问题。甚至还要注意地基承载力检测时的埋深问题，这些都是因超载的影响而可能导致地基承载力不同的重要方面。

4 其他原位测试法、经验查表法和现场鉴别法

其他原位测试法是针对地层的不同，可选用动力触探试验、标准贯入试验、静力触探试验、旁压试验（自钻式和预钻式）、扁铲侧胀试验、十字板试验、波速试验等其他原位

测试法，根据原位测试指标代入经验公式计算地基承载力。选用经验公式计算地基承载力特征值，要注意经验公式的适用地层、地质成因和适用范围。

经验查表法，是指采用室内试验指标，比如孔隙比、含水量、液性指数、相对密实度等，查经验表计算地基承载力特征值。

现场鉴别法，是针对碎石土等不宜采用其他方法确定地基承载力的土，进行现场挖掘鉴别其密实度、成分、级配等，根据经验确定其地基承载力特征值。

上述三种方法，很重要的一点是使用的测试指标、试验指标和密实度鉴别情况，要注意其代表性，应能代表整个工程实体的地基空间体。这涉及了岩土指标的空间分布和可靠性。从这个角度看，过去历史上使用了地基承载力标准值这个概念，其中要考虑地基岩土指标的可靠性，是有道理的。地基的复杂性、变异性和随机性，除其成因、成分等客观因素外，尚与岩土工程勘察测试人、装备、管理等主观因素有关，在这一点上，地基远比上部结构要复杂得多。现行标准不再使用地基承载力标准值概念，而改用了地基承载力特征值，是符合实际的。使用地基承载力特征值，表面上未提到地基的可靠性，但实际上是把考虑地基可靠性这个问题交给岩土工程师，针对具体工程，因地制宜来解决。这种做法符合实际情况。

另有两点需要注意：

（1）标准贯入试验的标准钻杆直径为 42mm，现在工程上不少是采用了直径为 50mm 的钻杆，注意其对标贯击数的影响，先进行杆长、杆径修正后，再代入经验公式计算。

聂庆科等人在山西孝义某工程用两种直径的钻杆进行了标贯试验结果对比，在 0～30m 范围内，$\phi42$ 钻杆与 $\phi50$ 钻杆测得标贯击数 N 值的平均值比值为 0.85～0.87，30～40m 范围内 $\phi42$ 钻杆与 $\phi50$ 钻杆测得标贯击数 N 值的平均值比值为 1.09。在粉质黏土和粉土中 $\phi50$ 钻杆所测得标贯击数 N 值大于 $\phi42$ 钻杆，在密实砂土中，两种钻杆所测得标贯击数 N 值较为接近。详见文献 [3]。根据范建好论文（详见文献 [4]），同一场地，埋深 11m 以上的珊瑚砂层，采用 $\phi42$ 钻杆进行标贯试验的击数与采用 $\phi50$ 钻杆进行标贯试验的击数之比值为 0.93～0.95。

（2）采用钻孔取土时，钻孔取土的孔隙比，比探井取土的孔隙比要小，要先进行修正，再查经验表确定地基承载力特征值。

5 理论计算法

作者于 2001 年通过研究认为，地基承载力特征值可以用土的抗剪强度指标代入太沙基等学者公式，取 $q=0$，$B=0.707m$ 后计算确定。详见文献 [1]。

6 地基承载力特征值的综合确定

对于既定的地基，其地基承载力特征值是一定的，不应因测定方法不同而不同。由此可见，用多种方法确定地基承载力特征值，应该是一致的。"多种方法一致，互相印证"是确定地基承载力特征值的最高境界。如果出现不一致，一定会有原因，一定是某个方法、参数选取、经验公式或经验表等不符合这个场地实际。

综合确定的第一步，是要解决好参数的选取，解决好其真实性、标准性、代表性；第二步就是选好适合的经验公式、经验表和理论公式；第三步，分析工程实体基础的设计施工情况，确保最终确定的地基承载力特征值用于每一个基础，都能确保安全合理。

地基承载力特征值的最终确定，既有测试的成分，也有分析"猜"的成分，作者曾给出口诀"连猜带算看经验"，在这里奉献给各位岩土工程师，供参考。

7 结束语

确定地基承载力是老课题，每个工程都需要测试确定，并且每次都是对岩土工程师的考验，同时也是经验积累。本文对此进行了探讨，供各位岩土工程师和专家参考，不妥之处，请指正。

参考文献

［1］ 王长科. 工程建设中的土力学及岩土工程问题——王长科论文选集［M］. 北京：中国建筑工业出版社，2018.

［2］ Braja M. Das. Shallow Foundations Bearing Capacity and Settlement［M］. CRC Press，1999.

［3］ 聂庆科，贾向新，秦禄盛，王英辉，梁书奇. 钻杆直径对标准贯入试验 N 值影响的试验研究［J］. 岩土工程学报，2017（S1）：53-58.

［4］ 范建好. 对标贯击数杆径换算的探讨［C］//全国工程勘察学术大会论文集，2014.

地基承载力经验表使用中的两个问题

【摘　要】　本文简述了地基承载力表的建表原理，进而对查表确定地基承载力特征值 f_{ak} 的两个问题进行分析建议。提出今后仍需要不断积累、细化和完善地基承载力经验表，务必要同时给出原始的经验关系条带图示，这样便于工程师使用时参考。

1　前言

在岩土工程勘察中，确定地基承载力特征值 f_{ak} 的方法主要有：载荷试验法、理论计算法、经验公式法和查表法等，其中查表法至今仍然是一种基础的、简易的、低成本的和非常具有实用性与普遍性的方法。那么我们常用的地基承载力经验表是基于什么原理提出的，应用中又该注意什么呢？为了让刚进入岩土工程行业的年轻朋友们知道什么是承载力经验表，作者在此截取《河北省建筑地基承载力技术规程》DB13（J）/T48—2005 中的表格，见表 1。可以看出，借助土工试验做出的土性指标可以轻松查表确定地基承载力。

Ⅰ、Ⅱ区粉土承载力特征值（kPa）　　　　　　　　　　　表 1

孔隙比 e ＼ 含水量 w(%)	10	15	20	25	30	35
0.5	405	370	350	330	—	—
0.6	300	280	260	245	(230)	—
0.7	240	220	205	195	180	(175)
0.8	195	180	170	160	150	(145)
0.9	160	150	140	130	120	(115)
1.0	140	130	120	115	110	105

注：有括号者仅供内插用。

本文对地基承载力经验表的制表原理进行简述，分析工程查表经常遇到的两个实际问题，进而提出地基承载力经验表是重要的建设经验，今后仍需要不断积累、细化和完善地基承载力经验表，并务必给出原始的经验关系条带图示，这样便于工程师使用时参考。

2　地基承载力经验表的制表原理

以粉土的室内土工试验指标制表为例，如图 1、表 2 所示。搜集和开展对比试验，用探井取不扰动试样土样进行室内土工试验，测得相对密度、含水率、质量密度和液塑限含水率，间接计算得到孔隙比、液性指数，用载荷试验确定地基承载力特征值 f_{ak} 为经验关

本文原载微信公众平台《岩土工程学习与探索》2019 年 1 月 6 日，作者：王长科

系目标，建立关系，最终综合分析建立粉土地基承载力特征值 f_ak 经验表。

粉土 e、w-f_ak 关系回归分析

变量变换：

$$f_\text{ak} \to \lg(100 f_\text{ak}) \tag{1}$$

$$e \to \lg(100 e) \tag{2}$$

$$w \to \lg(10 w) \tag{3}$$

回归目标　　$\lg(100 f_\text{ak}) = A + B_1 \lg(100 e) + B_2 \lg(10 w)$ $\tag{4}$

即回归目标　　　　　　　$f_\text{ak} \to e^{B_1} w^{B_2}$ $\tag{5}$

计算置信带（单侧置信，取失效概率 0.05，保证率 0.95），方程式为：

$$y = a + bx \pm t_\alpha \bar{\sigma} \sqrt{\frac{1}{n} + \frac{(x - \overline{x})^2}{ss_\text{x}}} \tag{6}$$

$$b = \frac{ss_\text{xy}}{\sqrt{ss_\text{x} ss_\text{y}}} \tag{7}$$

$$a = \overline{y} - b\overline{x} \tag{8}$$

相关系数 $r = \dfrac{ss_\text{xy}}{\sqrt{ss_\text{x} ss_\text{y}}}$ $\tag{9}$

式中，$\bar{\sigma} \sqrt{\dfrac{1}{n} + \dfrac{(x - \overline{x})^2}{ss_\text{x}}}$ 为剩余标准差；$ss_\text{x} = \sum (x - \overline{x})^2$ 为 x 的离差平方和；$ss_\text{y} = \sum (y - \overline{y})^2$ 为 y 的离差平方和；$\overline{x}$ 和 $\overline{y}$ 分别为 x、y 的平均值；n 为统计个数；t_α 为 t 分布的分位值；α 为风险率。

另外，$t_r = \dfrac{r}{\sqrt{\dfrac{1 - r^2}{n - 2}}}$ 表示统计量，$t_r > t_\alpha$ 表示检验通过，否则未通过。

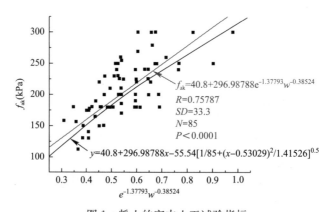

图 1　粉土的室内土工试验指标

河北省山前平原粉土地基承载力特征值 f_ak（kPa）　　　　表 2

孔隙比 e	含水量 w（%）				
	10	15	20	25	30
0.5	360	310	280	260	245
0.6	290	250	230	215	200

孔隙比 e	含水量 w（%）				
	10	15	20	25	30
0.7	240	210	190	180	170
0.8	200	180	165	155	150
0.9	180	160	145	135	130
1.0	160	145	130	125	120
1.1	145	130	120	115	110

3　地基承载力经验表使用中的两个问题

从上述制表过程看出，有两个问题，需要工程师在使用时给予注意和重视：

（1）土工试验参数的代表性问题

查表使用的试验参数应能代表实际工程地基土的参数。比如查粉土承载力表，对孔隙比 e，因建表时使用的是探井指标，如果工程上得到的是钻孔指标，则应首先根据试验对比资料和经验对钻孔孔隙比进行还原修正，继而才能查表确定粉土的地基承载力特征值 f_{ak}。

（2）查表精度问题

承载力经验表表达了载荷试验地基承载力特征值 f_{ak} 和相关试验参数之间的关系趋势，两者之间的关系不是一根线，而是一个条带。这个条带表达了土的变异性、试验误差性、场地差异性和地基承载力机理的复杂性等。因此，工程师使用查表法确定承载力特征值 f_{ak} 时，不要过分追求高度精确，除结合查表取得对应数据之外，尚要结合现场揭露的地质条件和工程实际、地区经验等具体问题进行具体分析，对比其他方法确定的地基承载力特征值 f_{ak}，综合确定。

参考文献

[1]　梁金国，王长科，贾文华.《河北省建筑地基承载力技术规程》编制情况介绍 [J]. 工程勘察，2007（1）：7-11，17.

地基承载力深宽修正系数的确定

【摘　要】　阐述了地基承载力深宽修正系数的含义和目前选取做法，建议：岩土工程师勘察中提出岩土层的地基承载力特征值 f_{ak} 的同时，根据勘察测试结果、相关规范规定和当地建设经验，提出与其相应的地基承载力深宽修正系数建议值。

1　问题的提出

岩土层的地基承载力特征值 f_{ak} 一般由岩土工程师在完成岩土工程勘察后编制的勘察报告中提供。进行地基基础设计时，结构专业设计人员根据勘察报告提供的地层特性和指标，按照《建筑地基基础设计规范》GB 50007—2011 选取地基承载力深宽修正系数，然后进行地基承载力的深宽修正，以期得到相应于实际基础宽度、深度的地基承载力特征值 f_a，进行地基基础设计。

这里需要说明一下，宽度修正系数反映了基础宽度及其下伏土的性质，深度修正系数反映了基础两侧超载及其土的性质，由此得出认识，地基承载力深宽修正系数和地基承载力特征值 f_{ak}，两者都是地基承载力特征值 f_a 的重要内容。

但是目前，从《建筑地基基础设计规范》GB 50007—2011 给出的地基承载力修正系数表看，深宽修正系数还存在不足：一是不连续，比如粉土的地基承载力深度修正系数为 1.5 和 2.0；二是确定修正系数时，依据的土为均质土，比如粉土、黏性土等，对于黏性土、混粉土怎么办，未给出取值方法。由此可见，地基承载力修正系数的选取，当遇到非均质土等复杂地层时，是需要给予高度重视的。

这时，结构工程师就会想，这个是岩土工程师的活啊，现场情况他们最清楚，怎么能不提供参数呢，我照什么取值呢？岩土工程师则觉得委屈，我辛辛苦苦钻探、取土、做土工试验、确定地基参数，已很不容易，基础设计不归我管，我怎么提供参数呢？

2　建议

作者在《工程建设中的土力学及岩土工程问题》中指出，地基承载力不是地基的固有参数，而是地基基础协同的一个参数。本来对于一定的地基基础方案，其地基承载力直接就是含深宽效应在内的地基承载力特征值 f_a，是不需要再分为地基承载力特征值 f_{ak} 和深宽修正后的地基承载力 f_a，但由于目前岩土工程体制尚未推行到位，地基基础设计人员进行设计时，需要按照勘察报告提供的地基承载力特征值 f_{ak}，进行深宽修正。

鉴于此，建议在岩土工程勘察中，岩土工程师给出岩土层的地基承载力特征值 f_{ak} 的

本文原载微信公众平台《岩土工程学习与探索》2018 年 7 月 14 日，作者：王长科

同时，根据勘察测试结果、相关规范规定和当地建设经验，提出与其相应的地基承载力深宽修正系数建议值为宜。

参考文献

［1］ 中华人民共和国住房和城乡建设部. 建筑地基基础设计规范：GB 50007—2011 ［S］. 北京：中国建筑工业出版社，2012.

［2］ 地基承载力的"深度修正系数"改称"超载修正系数"会更好 ［EB/OL］. 岩土工程学习与探索，2017-11-25.

［3］ 王长科. 工程建设中的土力学及岩土工程问题——王长科论文选集 ［M］. 北京：中国建筑工业出版社，2018.

Mindlin 解答及其在岩土工程中的应用问题

【摘　要】　简述了 Mindlin 解答在地基附加应力计算中存在的问题，认为不进行具体工程问题分析，就盲目采用 Mindlin 解答，是不合适甚至是危险的。

1　前言

当前，在进行桩基沉降分析等涉及深埋荷载引起的附加应力计算时，基本都采用了 Mindlin 解答，或者为方便，采用等代了的 Mindlin 解答。最近作者发现，由于土不具有相适应的抗拉能力，因而在计算深埋荷载引起的附加应力时，采用 Mindlin 解答是不合适的。

本文对 Mindlin 解答基本表达式进行回顾，进而分析其计算结果的典型案例，提出 Mindlin 解答的选用，要结合工程实际进行匹配性分析后进行。

2　Mindlin 解答基本表达式

如图 1 所示，集中力 P 作用于地面下半无限体内一个点上，埋深为 c，Mindlin (1936) 给出了任意点的竖向附加应力为：

$$\sigma_z = \frac{-P}{8\pi(1-\nu)}\left[-\frac{(1-2\nu)(z-c)}{R_1^3} + \frac{(1-2\nu)(z-c)}{R_2^3} - \frac{3(z-c)^3}{R_1^5}\right.$$
$$\left.-\frac{3(3-4\nu)z(z+c)^2 - 3c(z+c)(5z-c)}{R_2^5} - \frac{30cz(z+c)^3}{R_2^7}\right] \qquad (1)$$

这就是著名的 Mindlin 解答（其他水平向、径向、环向以及剪应力的表达式从略）。

3　Mindlin 解答案例计算及其实际分析

埋深为 3m 的 1m×1m 面积，均布荷载 300kPa，假定泊松比 $\nu=0.5$，采用 Mindlin 解答计算其应力分布，计算结果如图 2 所示。可以看出，−3m 以上为拉应力，−3m 以下为压应力。−3m 处，荷载作用面上侧面应力为 −146kPa，下侧面为 154kPa，二者之和为 300kPa。

本文原载微信公众平台《岩土工程学习与探索》2018 年 10 月 28 日，作者：王长科

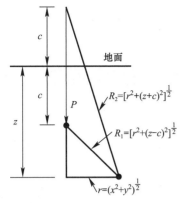

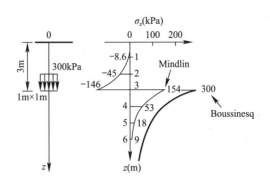

图 1　Mindlin 图解　　　　图 2　Mindlin 解答计算其应力分布

从以上计算可以看出，采用 Mindlin 解答，作用在地面以下一定深度的荷载，该荷载不仅使得其下伏土层受力，还使得其上覆土也要受力。上面是拉应力，下面是压应力，二者共同与该荷载进行平衡，计算结果如图 2 所示。

显然，土的抗拉力是有限的，或者如果干脆认为零，这样一来，深埋荷载之上的土，就不产生拉应力了，这势必会出现应力转移，荷载作用面下伏土的压应力会提高，荷载作用面的下侧面压应力会正好等于荷载值，这就极像 Boussinesq 解答了。

参考文献

[1]　王长科. 工程建设中的土力学及岩土工程问题——王长科论文选集 [M]. 北京：中国建筑工业出版社，2018.

既有建筑的地基承载力增长猜想和计算建议

【摘　要】　分析了既有建筑的地基承载力增长因素和机制，建议了计算办法。

1　前言

既有建筑往往会遇到增层改造的事例，对于基础是否需要加宽或改为桩式托换，首先想到的是，原来的地基（既有建筑的地基）地基承载力较原来增长了吗？既有建筑的地基承载力的增长机制和增长量估计一直是很重要的工程问题，条件具备时可通过工程勘察、原位测试等方法确定现阶段的承载力。然而，很多改造处于不具备条件的繁华地段，如果此时改造方案按照当初勘察报告进行设计，忽略承载力的变化，存在一定安全隐患。

作者从地基承载力基本公式来分析地基承载力的增长机制，并建议一种新的既有地基承载力增长量的计算方法，供无法现场测定既有地基承载力时，仅仅根据原来天然土的工程性质，进行既有建筑的地基承载力增长量估计时参考使用。

2　地基承载力的基本表达式及其增长因素分析

下面先列出三个代表性的地基承载力基本表达式：

（1）太沙基地基极限承载力 q_u 公式（极限承载力）

$$q_u = N_c c + N_q q + N_\gamma \frac{B}{2} \gamma \tag{1}$$

其中

$$N_c = (N_q - 1)\cot\varphi$$

$$N_q = e^{\pi\tan\varphi} \tan^2\left(45° + \frac{\varphi}{2}\right)$$

$$N_\gamma = 6\varphi/(40° - \varphi)$$

式中，γ、c、φ 分别为土的重度、黏聚力和内摩擦角；B 为基础宽度；q 为基础两侧超载。

（2）《建筑地基基础设计规范》GB 50007—2011 计算公式（容许承载力）：

$$f_a = M_b \gamma b + M_d \gamma_m d + M_c c_k \tag{2}$$

式中，f_a 为由土的抗剪强度指标确定的地基承载力特征值（kPa）；M_b、M_d、M_c 为承载力系数；b 为基础底面宽度（m），大于 6m 时按 6m 取值，对于砂土小于 3m 时按 3m 取值；c_k 为基底下 1 倍短边宽度的深度范围内土的黏聚力标准值（kPa）。

（3）王长科地基第一拐点承载力 q_1 公式（容许承载力）：

本文原载微信公众平台《岩土工程学习与探索》2018 年 7 月 23 日，作者：王长科

$$q_1 = N_c c + N_q q + N_\gamma \frac{B}{2} \gamma \tag{3}$$

其中

$$N_c = 2\tan^3\left(45° + \frac{\varphi}{2}\right)$$

$$N_q = \tan^4\left(45° + \frac{\varphi}{2}\right)$$

$$N_\gamma = (N_q - 1)\tan\left(45° + \frac{\varphi}{2}\right)$$

从上述几个地基承载力的基本公式看，地基承载力的大小，在理论上取决于三个方面：①基础下面土的性质指标 γ、c、φ；②基础宽度 B；③基础两侧的超载 q。

从这个认识出发，可以知道：既有建筑的地基承载力增长，内因应该是地基土自既有建筑建成以来的长时间受压固结，得到了工程性质上的提升，也即 γ、c、φ 的提升；外因仍是基础宽度 B 和基础两侧超载 q。

3 既有建筑的地基承载力增长估算建议

有条件时，既有建筑的地基承载力一定要在现场原位测定，结合岩土工程勘察资料进行综合评估。不具备条件进行现场测定时，通过评估既有建筑的地基土性质指标的改善程度，再代入地基承载力基本表达式计算，也是评估既有建筑的地基承载力增长的一个重要方法。

（1）土重度的改善

根据土的三相原理，土的重度为：

$$\gamma = \frac{G\gamma_w(1+w)}{1+e} \tag{4}$$

式中，γ 为重度；G 为相对密度；γ_w 为水的重度；w 为含水量（以小数记）；e 为孔隙比。

从上式看出，既有建筑的地基土，受压固结后，孔隙比 e 改善了，含水量 w 也可能改善。其中孔隙比 e 的改善值 Δe 为：

$$\varepsilon = \frac{\Delta e}{1+e_0} = \frac{p_0}{E_s} \tag{5}$$

$$\Delta e = (1+e_0)\frac{p_0}{E_s} \tag{6}$$

式中，Δe 为孔隙比减少值；e_0 为天然孔隙比；p_0 为附加压力；E_s 为压缩模量。

用改善后的含水量 w 和孔隙比 $e_2 = e_0 - \Delta e$，代入式（4）计算既有建筑的地基土的重度。

（2）强度指标的改善

天然地基上新建建筑，其地基受压剪切强度由三轴固结不排水剪切试验确定，强度包络线如图 1 所示。

新建建筑物竣工一定时间之后，地基处于新的固结稳定状态。既有建筑的地基，在天然状态、边受压、边固结，强度边提升，这个慢慢的受压固结过程，实际上是固结排水剪

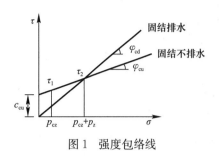

图 1　强度包络线

切过程。既有建筑的地基受压剪切的强度包络线，实际上是三轴试验的固结排水强度包络线，如图 1 所示。

为此，建议采用下式计算既有建筑的地基土的强度指标。

$$c = c_{cu} \cdot \frac{p_{cz} + p_z}{p_{cz}} \tag{7}$$

$$\varphi = \varphi_{cd} \tag{8}$$

4　结束语

既有建筑的地基承载力随时间增长而适度增长，增长机制和准确计算是十分复杂的。本文做了简要分析，提出了一个建议办法，供同行在工程上参考。本文建议的方法只是一个思路，尚需要结合工程进行验证和修正。不妥之处，请同行专家指正。

参考文献

［1］ 王长科. 工程建设中的土力学及岩土工程问题——王长科论文选集［M］. 北京：中国建筑工业出版社，2018.

［2］ 中华人民共和国住房和城乡建设部. 建筑地基基础设计规范：GB 50007—2011［S］. 北京：中国建筑工业出版社，2012.

裙楼设置抗浮措施，主楼地基承载力的深度修正要体现

【摘　要】　对于裙房设抗浮措施的情况，验算抗浮工况下的主楼地基承载力时，应使用扣减浮力后的相应裙楼有效荷载，换算等效土厚进行主楼地基承载力深度修正。一般情况是裙楼荷载小于浮力，相应的有效荷载为负值，这时，主楼地基承载力就不能为此而修正了。

1　问题的提出

现在高层建筑主群楼一体的结构越来越多，对主楼地基承载力计算时，把主楼基础四周的裙楼看作主楼基础两侧超载，进行等效换算，从而对主楼地基承载力进行深度修正。但当裙楼在采取抗浮措施情况下，还能折算土高度进行修正吗？

2　问题分析

这个问题很重要。从下列地基承载力理论表达式可以看出，地基承载力的大小与基础宽度、基础两侧超载有关。

太沙基地基极限承载力：

$$q_u = \frac{1}{2} \cdot \gamma \cdot B \cdot N_\gamma + q \cdot N_q + c \cdot N_c \tag{1}$$

《建筑地基基础设计规范》GB 50007—2011 地基承载力特征值表达式：

$$f_a = f_{ak} + \eta_b \cdot \gamma \cdot (b-3) + \eta_d \cdot \gamma_m \cdot (d-0.5) \tag{2}$$

$$f_a = M_b \cdot \gamma \cdot b + M_d \cdot \gamma_m \cdot d + M_c \cdot c_k \tag{3}$$

主裙楼一体结构，当裙楼基础宽度大于 2 倍主楼基础宽度，对主楼基础进行深度修正时，需要将裙楼超载折算成土层厚度，作为基础埋深；当两侧裙楼折算深度不一致时，取小值。

单说埋深对地基承载力的影响，如果表达为基础两侧超载对地基承载力有影响，深度修正系数改用超载影响系数来表达，这个问题在原理上就明朗了。

3　结论

不难得出两个有益的结论：

本文原载微信公众平台《岩土工程学习与探索》2017 年 11 月 24 日，作者：王长科

（1）对于裙房设抗浮措施的情况，验算抗浮工况下的主楼地基承载力时，应将裙楼重量扣减浮力得到有效荷载，用有效荷载换算等效土厚进行地基承载力修正。

（2）采取抗浮措施时，裙楼荷载一般小于浮力，有效荷载成负值，需要验算这种工况时，就不能修正了。

复合地基设计新进展

【摘　要】　刚性桩复合地基设计进入"3.0 时代"的标志：承载力保障、变形控制、关键桩安全。

　　天津大学郑刚教授通过大量的试验，发现路基处理采用管桩复合地基，复合地基中存在"关键桩"现象。"关键桩"在承受轴向荷载的同时，可能会因受到非对称的侧向挤压而横向受力破坏。从而提出"关键桩"要加强（图1）。

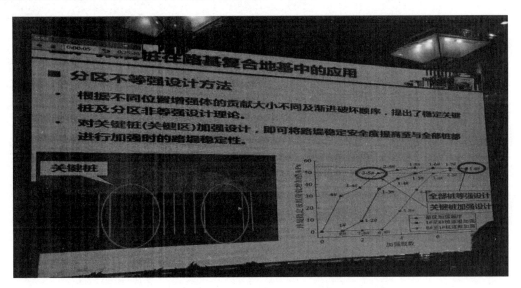

图1

　　郑刚教授的这一发现，可能会推动刚性桩复合地基设计从此进入"3.0 时代"，总结如下：

　　"1.0 时代"，按承载力进行复合地基设计；

　　"2.0 时代"，在地基承载力保证的情况下，按变形控制设计；

　　"3.0 时代"，在地基承载力保障、变形控制的基础上，做好"关键桩"的安全保障。

　　"1.0 时代"注重的是承载力的保障，"2.0 时代"注重的是变形控制。这两个时代的标志，都是把地基，包括复合地基中的桩，看成是单纯的竖向受力；即便是基础边缘之外设置护桩作为构成措施，总的来说，是一维设计。到了"3.0 时代"，复合地基的设计走向了成熟，除了考虑地基竖向受力变形外，还要考虑"关键桩"的横向受力，是三维设计。

本文原载微信公众平台《岩土工程学习与探索》2017 年 12 月 13 日，作者：王长科

对软弱地基采用复合地基技术进行处理，过去对于碎石桩等散体桩复合地基，在基础边缘之外，都设置了护桩。对夯实水泥土桩，尤其是混凝土刚性桩复合地基，由于考虑其受力是竖向，就参考了桩基设计的原理，基础边缘之外，一般情况就可以不设护桩。"关键桩"的发现，提醒岩土工程师，在进行刚性桩复合地基设计时，要考虑"关键桩"的横向受力安全性，必要时甚至在基础边缘之外设置护桩，更好地解决侧向挤压安全问题。

多桩型复合地基承载力简洁计算法

【摘　要】　给出了多桩型复合地基承载力计算的简洁公式和排式布桩的桩置换率简洁计算公式。

1　前言

当前地基处理的因地制宜得到充分发展，多桩型复合地基技术的应用也日益增多。多桩型复合地基技术，适应地基和基础的需要，可以刚柔搭配、长短搭配，确实具有很多优点，应该说解决了很多工程问题。

多元化、多桩型复合地基的承载力机理实际上是很复杂的。在工程实践上，方便起见，常常运用简洁的计算方法，先给予设计，然后再进行载荷试验检测确认。

2　多桩型复合地基承载力简洁计算公式

多桩型复合地基，仍是复合地基，根据复合地基的受力原理，可写出下述承载力计算简洁表达式：

$$f_{\mathrm{spk}} = \sum_{i=1}^{n} \left[m_i \frac{\alpha_i R_{\mathrm{a}i}}{A_{\mathrm{p}i}} \right] + \beta \left[1 - \sum_{i=1}^{n} m_i \right] f_{\mathrm{ak}} \tag{1}$$

式中，f_{spk} 为复合地基承载力特征值（kPa）；m_i 为第 i 种桩型的桩置换率（即：桩顶面积与其控制面积的比值）；n 为桩型的总数目；α_i 为第 i 种桩型的桩承载力发挥系数；$R_{\mathrm{a}i}$ 为第 i 种桩型的桩承载力特征值（kN）；$A_{\mathrm{p}i}$ 为第 i 种桩型的桩顶面积（m²）；β 为桩间土的承载力特征值发挥系数；f_{ak} 为复合地基桩间土的承载力特征值（kPa）。

对于排式布桩（比如正方形、矩形、梅花形、三角形等），置换率可按下式计算：

$$m_i = \frac{A_{\mathrm{p}i}}{d_{\mathrm{v}i} d_{\mathrm{h}i}} \tag{2}$$

式中，m_i 为第 i 种桩型的桩置换率；$A_{\mathrm{p}i}$ 为第 i 种桩型的桩顶面积（m²）；$d_{\mathrm{v}i}$ 为第 i 种桩型的桩排距（m）；$d_{\mathrm{h}i}$ 为第 i 种桩型的桩中心距（m）。

3　结束语

《建筑地基处理技术规范》JGJ 79—2012 给出了多桩型复合地基承载力的计算规定，不少工程师使用发现有不便之处，为此，本文给出简洁计算公式，并进一步给出了排式布

本文原载微信公众平台《岩土工程学习与探索》2018年3月29日，作者：王长科

桩的桩置换率简洁计算公式。不妥之处，请专家指正。

附:《建筑地基处理技术规范》JGJ 79—2012 第 7.9.7 条内容

7.9.7 多桩型复合地基面积置换率，应根据基础面积与该面积范围内实际的布桩数量进行计算，当基础面积较大或条形基础较长时，可用单元面积置换率代替。

1 当按图 7.9.7(a) 矩形布桩时，$m_1 = \dfrac{A_{P1}}{2s_1 s_2}$，$m_2 = \dfrac{A_{P2}}{2s_1 s_2}$；

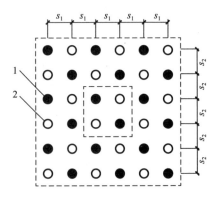

图 7.9.7(a) 多桩型复合地基矩形布桩单元面积计算模型
1—桩 1；2—桩 2

2 当按图 7.9.7(b) 三角形布桩时，$m_1 = \dfrac{A_{P1}}{s_1 s_2}$，$m_2 = \dfrac{A_{P2}}{s_1 s_2}$（作者注：2013年 1 版 1 次印刷中为"且 $s_1 = s_2$ 时，$m_1 = \dfrac{A_{P1}}{2s_1^2}$，$m_2 = \dfrac{A_{P2}}{2s_1^2}$"，此公式有误）。

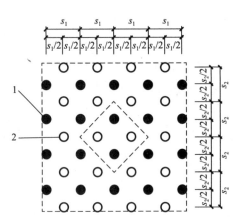

图 7.9.7(b) 多桩型复合地基三角形布桩单元面积计算模型
1—桩 1；2—桩 2

复合地基复合土层压缩模量计算取值中的问题

【摘　要】　分析了复合土层压缩模量的计算原理，给出了：（1）桩间土压缩模量提高系数的修正表达式；（2）桩间土压缩模量压力段取值计算建议。

1　前言

按照《建筑地基处理技术规范》JGJ 79—2012，刚性桩复合地基和散体桩复合地基，其复合承载力表达式分别为：

$$f_{spk} = m\frac{\lambda R_a}{A_p} + \beta(1-m)f_{sk} \tag{1}$$

$$f_{spk} = [1 + m(n-1)]f_{sk} \tag{2}$$

式中，f_{spk} 为复合地基承载力特征值（kPa）；m 为桩置换率；n 为桩土应力比；λ 为桩的承载力发挥系数；R_a 为桩的承载力特征值（kN）；A_p 为桩顶面积（m²）；β 为桩间土承载力的发挥系数；f_{sk} 为处理后桩间土的承载力特征值（kPa）。

复合地基变形计算执行《建筑地基基础设计规范》GB 50007—2011 的有关规定，地基变形计算深度应大于复合土层的深度。复合土层的分层与天然地基相同，各复合土层的压缩模量等于该层天然地基压缩模量的 ζ 倍，ζ 值可按下式计算：

$$\zeta = \frac{f_{spk}}{f_{ak}} \tag{3}$$

式中，f_{ak} 为基础底面下天然地基承载力特征值。

当前工程上均采用此规定进行复合地基变形计算。据作者经验，工程上关于复合地基复合土层压缩模量的计算取值，仍有几个问题需要澄清。下面进行分析，得到的结论和建议供同行学者和工程师参考使用。

2　复合土层压缩模量计算原理分析

如图 1 所示，复合地基受力前，基础下为褥垫层、下伏桩和桩间土。复合地基受力完成后，桩顶基本直接紧贴基础底面，而桩间土之上为密实的褥垫层，再其上为基础底面。

按照力平衡有：

$$p_k = mp_p + (1-m)p_s \tag{4}$$

$$p_k = [1 + m(1-n)]p_s \tag{5}$$

式中，p_k 为复合地基受到的平均压力（kPa）；m 为桩面积的置换率（桩顶面积与其控制

本文原载微信公众平台《岩土工程学习与探索》2018 年 4 月 21 日，作者：王长科

的总面积的比值）；n 为桩土应力比（桩顶压强与桩间土压强的比值）；p_p 为桩顶压强（kPa）；p_s 为桩间土压强（kPa）。

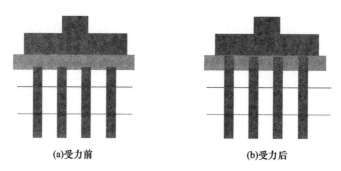

(a)受力前   (b)受力后

图1　复合地基受力分析

复合地基变形计算采用分层总和法，各分层的力平衡方程为：

$$p_{spi} = m_i p_{pi} + (1 - m_i) p_{si} \tag{6}$$

$$p_{spi} = [1 + m_i (1 - n_i)] p_{si} \tag{7}$$

式中，p_{spi} 为第 i 分层复合土层的平均压力（kPa）；m_i 为第 i 分层桩的置换率；n_i 为第 i 分层的桩土应力比；p_{pi} 为第 i 分层桩承受的压力（kPa）；p_{si} 为第 i 分层桩间土承受的压力（kPa）。

假定同一分层中的桩和桩间土的变形为等应变，则得到：

$$\varepsilon_i = \frac{p_{spi}}{E_{spi}} = \frac{p_{si}}{E_{si}} \tag{8}$$

式中，ε_i 为第 i 分层的复合土层应变；E_{spi} 为第 i 分层复合土层的复合模量；E_{si} 为第 i 分层桩间土的压缩模量。

进一步得到：

$$E_{spi} = \frac{p_{spi}}{p_{si}} \cdot E_{si} \tag{9}$$

3　结论和建议

（1）关于提高系数

从上式可以看出，计算确定复合土层压缩模量时，采用桩间土压缩模量乘以一个提高系数的办法可行，这个提高系数的表达式应为：

$$\zeta_{spi} = \frac{E_{spi}}{E_{si}} = \frac{p_{spi}}{p_{si}} \tag{10}$$

如为方便采用地基承载力的概念，建议上式修改为：

$$\zeta = \frac{f_{spk}}{\beta \cdot f_{sk}} \tag{11}$$

上述式中，ζ_i 为第 i 分层的桩间土压缩模量提高系数；ζ 为复合地基桩间土压缩模量提高系数，也即承载力提高系数；f_{spk} 为复合地基承载力特征值（kPa）；β 为处理后桩间土承载力的发挥系数；f_{sk} 为处理后桩间土的承载力特征值（kPa）。

（2）关于压力段

采用分层总和法计算复合地基变形，在计算确定各分层的复合模量时，涉及的桩间土压缩模量，取值要注意其压力段，应选取桩间土实际承受的压力段，桩间土承受压力和复合土层承受压力的关系为：

$$p_{si} = \frac{1}{1 + m_i(n_i - 1)} p_{spi} \tag{12}$$

改写为：

$$p_{si} = \psi_i p_{spi} \tag{13}$$

$$\psi_i = \frac{1}{1 + m_i(n_i - 1)} \tag{14}$$

式中，ψ_i 为第 i 分层桩间土承受压强与复合土层平均压强的比值；p_{spi} 为第 i 分层复合土层平均压力，是基础底面压力传递到第 i 分层的压力。

为简便起见，ψ_i 可以均采用基础下地基的数值，采用承载力的概念后，其表达式为：

$$\psi_i = \frac{p_{si}}{p_{spi}} = \frac{\beta \cdot f_{sk}}{f_{spk}} = \frac{1}{\zeta} \tag{15}$$

式中，ζ 的含义见前式。

4 结束语

复合地基变形是很复杂的，必须不断地进行研究，确保在计算原理正确、概念清晰和计算参数准确的情况下，积累经验。这是一条正确的技术路线。

参考文献

[1] 王长科. 素混凝土桩复合地基承载力设计新思维 [EB/OL]. 岩土工程学习与探索，2017-11-02.
[2] 中华人民共和国住房和城乡建设部. 建筑地基处理技术规范：JGJ 79—2012 [S]. 北京：中国建筑工业出版社，2012.
[3] 王长科. 沉降计算的现状和思考 [M] //梁金国，聂庆科. 岩土工程新技术与工程实践. 石家庄：河北科学技术出版社，2007.

桩侧阻力不宜选用特征值

【摘　要】 分析了剪切强度的发挥过程特点，就桩侧阻力的取值进行了概念分析和梳理，提出应取用桩侧阻力极限值，不宜取用桩侧阻力特征值。

1　前言

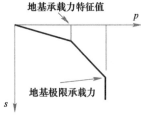

图 1　特征值

自从《建筑地基基础设计规范》GB 50007—2011 颁布以来，地基承载力特征值一词广泛应用于工程。地基承载力特征值在物理意义上相当于过去的地基承载力容许值。或者说，就载荷试验曲线而言，第一拐点是地基承载力特征值，第二拐点是地基极限承载力（图1）。

特征值，不是地基承载力的特有名词。就"特征值"本身名词而言，特征值显然是指具有某种特征的数值。

2　剪切试验曲线分析

从图 2 所示的三轴试验和直剪试验曲线看，剪切强度除极限值之外，没有明显的第一拐点。

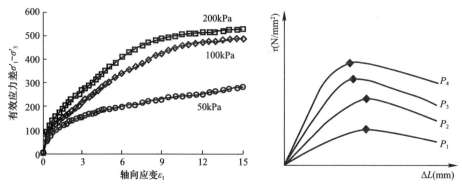

图 2　三轴试验和直剪试验曲线

将剪切强度和位移的关系概化应变软化型和应变硬化型，如图 3 所示。剪切强度一般取峰值强度，若峰值不明显时，取对应于一定位移的强度值。

从剪切强度的发挥规律看，只有一个极限值。和载荷试验曲线不同，不存在两段曲线，相当于载荷试验曲线第一拐点的特征值不明显，只有相当于载荷试验曲线第二拐点的极限值。

本文原载微信公众平台《岩土工程学习与探索》2018 年 9 月 6 日，作者：王长科

3 桩侧阻力取值建议

从上述分析看，对桩侧阻力来说，应取桩侧阻力极限值，或称桩的极限侧阻力，不宜再取用桩侧阻力的特征值。

对桩的端阻力和承载力来说，二者的压力-位移关系曲线均与载荷试验曲线相似，可认为存在两个拐点。因此，对桩的端阻力和承载力来说，这两者都存在极限值和特征值两个参数。

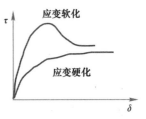

图 3　应变软化与硬化

当计算桩的极限承载力时，桩侧、桩端均采用阻力的极限值。

当计算桩的承载力特征值时，桩端阻力直接采用特征值，而桩侧阻力应采用桩侧阻力极限值除以 2.0 的办法。

4 结束语

本文就桩侧阻力的取值进行了概念分析和梳理，提出应取用桩侧阻力极限值，不宜取桩侧阻力特征值。不妥之处，请专家指正。

参考文献

[1] 黄文熙. 土的工程性质 [M]. 北京：水利电力出版社，1983.

复合地基桩身强度和褥垫层材料强度的思考与建议

【摘 要】 阐述了复合地基桩身强度、褥垫层材料强度的重要性，给出了桩身强度、褥垫层材料强度的设计建议。

1 问题提出

复合地基已经成为各类工程的地基方案优先选择项，复合地基由桩、桩间土及其上覆的褥垫层组成，共同承担上部基础传下来的荷载。桩土共同承担上部荷载，桩土的应力比大于 1，甚至高达 20～30，因此其中的桩，尤其是承担高应力比的刚性桩、半刚性桩等具有粘结强度的非散体材料桩，比如 CFG 桩、素混凝土桩、水泥土桩（含夯实、搅拌、高压喷射等工艺）、劲性桩等，其桩身材料抗压强度在桩身安全上起到关键作用。

褥垫层的用途是调节发挥好桩土按设计预期的各自作用，由此看来，褥垫层的强度和变形也是很重要的。

根据实际工程实践分析和需要，对复合地基桩身强度和褥垫层强度的设计要求，提出建议，供岩土工程师参考。

2 桩身强度设计建议

一般来说，工程各个构件的安全度设计次序，应该是引起次生灾害越严重的构件，设计安全度应越高。具体来说，对于房屋，下部的承重构件，其安全度应高于上部的构件。比如，柱子、墙的安全度应大于梁的安全度，梁的安全度应大于楼板的安全度。

由此，对于复合地基来说，复合地基的安全度应当高于基础及其上部结构的安全度。复合地基承担上部荷载，由桩土共同承担来完成，这是设计的理想状态。按照前述工程构件安全度设计的次序原理来看，桩应当具备下述 3 个安全度要求：

一是，桩身强度应当具备独立承担基础及其上部荷载的能力。即使桩间土不承担荷载，荷载完全由桩承担，桩身强度也不会出问题。用公式表示为：

$$f_c \geqslant K_1 \cdot f_{sp}/m \tag{1}$$

式中，f_c、m、f_{sp}、K_1 分别为桩身强度、桩顶面积置换率、复合地基承载力、安全系数。

二是，桩顶荷载超过设计预期，桩可以下沉，桩身强度不可以出现问题。桩身强度应当超过桩在其极限承载力荷载作用下的桩顶压强。

$$f_c \geqslant K_2 \cdot Q_u/A_p \tag{2}$$

本文原载微信公众平台《岩土工程学习与探索》2020 年 3 月 4 日，作者：王长科

式中，Q_u、A_p、K_2 分别为单桩极限承载力、桩顶面积、安全系数。

三是，桩身强度应经得起地震考验，即桩身强度除了具备前述 2 个安全度要求外，尚应具备抗震安全储备。

3 褥垫层强度设计建议

褥垫层材料的抗压强度，比如碎石的抗压强度，应当小于桩身强度，以确保桩顶安全，但应具备承担受力抗压的安全要求。褥垫层在受压过程中，褥垫层材料本身既不能被压坏（压碎），同时也不能因其材料太坚硬而把桩头挤压破坏。

4 结束语

本文就复合地基桩身强度和褥垫层材料强度设计提出建议，这些建议只是停留在理念层面，实际应用于工程，还需要和现行规范的设计要求做比对研究，并给出具体的公式和安全储备要求。

对复合地基刚柔组合褥垫层的原理分析

【摘　要】　对复合地基刚柔组合褥垫层，进行原理分析，指出不足。

　　最近在网络上看到复合地基刚柔组合褥垫层（图1），觉得有意思，看到各位专家讨论各说不一，笔者做如下分析猜想，请各位专家指教。

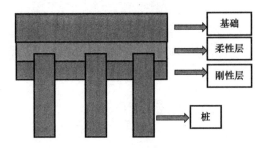

图1　相互作用示意图

　　首先这个想法有一定道理。位于下面的刚性层严格说不能叫褥垫层，应该叫垫层。记得黄熙龄院士说："什么是褥垫层？比如你躺在床上睡觉，身下有个石子，你会感觉刺痛不舒服，如果在石子儿上面，铺一层褥子，你在褥子上面睡觉，就会感觉舒服了。复合地基上的褥垫层，其原理就是这个道理。"所以，在图1中，位于上层的柔性层，层顶高于桩顶，应该就是褥垫层，它的作用是调节桩土应力分配。而位于下面的刚性层在桩顶之下、桩间土表面之上，起不到调节桩土应力分配作用，应该叫作垫层，主要是起封闭、隔离、防水、防护作用。

　　总的来说，复合地基刚柔组合褥垫层有一定道理，但要应用于工程，还要进一步推敲一下表述。

本文原载微信公众平台《岩土工程学习与探索》2017年11月13日，作者：王长科

复合地基荷载-沉降曲线的推演

【摘　要】　按照复合地基变形原理，依据桩和桩间土的荷载-沉降曲线，提出了推演复合地基荷载-沉降曲线的合成方法。

1　前言

复合地基由桩和桩间土及其上的褥垫层组成，在上部荷载作用下，通过褥垫层的调节，桩和桩间土共同分担荷载。在勘察设计阶段，若能预测复合地基的荷载-沉降曲线，将会对按照变形控制设计的复合地基设计，提供帮助。

本文按照复合地基变形原理，依据桩和桩间土的荷载-沉降曲线，提出了推演复合地基荷载-沉降曲线的合成方法，供岩土工程师参考。

2　未铺褥垫层的复合地基荷载-沉降曲线的推演

桩顶不铺设褥垫层，基础底面直接坐在桩和桩间土上，由于无褥垫层的调节，上部荷载会按照等沉降的规律，直接传递给桩和桩间土。图 1 表示桩的荷载-沉降曲线和桩间土的荷载-沉降曲线。

观察桩和桩间土的荷载-沉降曲线，从小到大，取若干复合地基沉降量 s_i 值（$i=1$，2，3，$\cdots$，n）。从图 1 取分别对应于桩顶沉降量、桩间土沉降量均为 s_i 时的桩顶荷载值 Q_{pi}（kN）、桩间土荷载值 p_{si}（kPa），按下式计算对应于沉降量为 s_i 时的复合地基荷载 p_{spi}（kPa）：

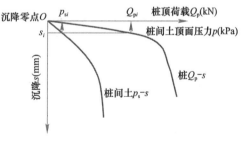

图 1　桩和桩间土的荷载-沉降曲线
（未铺褥垫层）

$$p_{spi} = m \frac{Q_{pi}}{A_p} + (1-m) p_{si} \qquad (1)$$

式中，p_{spi}、p_{si}、Q_{pi} 分别为对应于沉降量为 s_i 时的复合基地荷载（kPa）、桩间土荷载（kPa）和桩顶荷载（kN）；m 为置换率；A_p 为桩顶面积。

由此，依次列出复合地基荷载 p_{spi}（kPa）和相应沉降量 s_i（mm）的关系，绘图即为复合地基荷载-沉降曲线。

本文原载微信公众平台《岩土工程学习与探索》2018 年 9 月 10 日，作者：王长科

3 铺设褥垫层的复合地基荷载-沉降曲线的推演

桩顶铺设褥垫层,基础底面坐落在褥垫层上。因桩的竖向抗压刚度大于桩间土的竖向抗压刚度,在上部荷载作用下,基础底面向下位移,褥垫层为粒状散体材料,桩顶上的褥垫层受压后出现侧向移动,挤向桩间土,从而呈现桩间土的沉降大于桩顶的沉降,达到平衡状态后,褥垫层侧向移动停止,桩和桩间土分别按其刚度和面积共同分担上部荷载。

假定基础为刚性,在上部荷载作用下,基础发生沉降后,基础底面仍保持水平面。假定相应于基础沉降为 s_i 时,桩顶沉降记为 s_{pi},桩间土沉降记为 s_{si},此时桩顶褥垫层因侧向移动产生的厚度减少值记为 s_{cpi},桩间土之上的褥垫层厚度增加值记为 s_{csi},且褥垫层本身不产生压缩变形量。则有:

$$s_i = s_{pi} + s_{cpi} \tag{2}$$

$$s_i = s_{si} + s_{csi} \tag{3}$$

假定褥垫层在侧向移动后保持体积不变,则:

$$m s_{cpi} = (1-m) s_{csi} \tag{4}$$

式中,m 为桩顶面积的置换率。

代入前述公式,得到:

$$s_{pi} = s_i - s_{cpi} \tag{5}$$

$$s_{si} = s_i + \frac{m}{1-m} s_{cpi} \tag{6}$$

由上式进一步得到:

$$s_i = m s_{pi} + (1-m) s_{si} \tag{7}$$

如图 2 为桩和桩间土的荷载-沉降曲线。分别观察桩和桩间土的荷载-沉降曲线,从小到大选定复合地基沉降值 s_i ($i=1, 2, 3, \cdots, n$)。

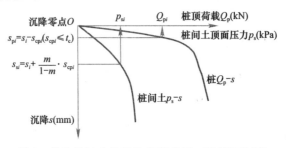

图 2 桩和桩间土的荷载-沉降曲线(铺设褥垫层)

t_c—褥垫层铺设初始厚度值;s_{cpi}—桩顶褥垫层侧向移动产生的厚度减少值

复合地基沉降值为 s_i 时,先假定此时的桩顶褥垫层侧向移动产生的厚度减小值为 s_{cpi} (注意此值不能大于褥垫层铺设初始厚度值 t_c),按照公式(5)、公式(6)分别计算桩和桩间土的沉降值 s_{pi}、s_{si},从图 2 分别查取相应于桩和桩间土的沉降值 s_{pi}、s_{si} 的桩顶荷载值 Q_{pi}(kN) 和桩间土荷载值 p_{si}(kPa)。

分别按照复合地基的力平衡和能量守恒,有:

$$p_{spi} = m \frac{Q_{pi}}{A_p} + (1-m) p_{si} \tag{8}$$

$$p_{spi} = \cfrac{m\cfrac{Q_{pi}}{A_p}s_{pi} + (1-m)p_{si}s_{si}}{s_i} \tag{9}$$

式中，p_{spi} 为复合地基基底压力（kPa）。

将桩和桩间土的沉降值 s_{pi}、s_{si}，以及从图 2 分别查取的桩顶荷载值 Q_{pi} 和桩间土荷载值 p_{si}，一并代入上式，若按照这两个公式分别计算的复合地基荷载 p_{spi} 的两个计算值相同，则前述开始假定的相应于复合地基沉降值 s_i 时，桩顶褥垫层厚度减少值 s_{cpi} 的假定值是正确的，否则，重新调整 s_{cpi} 的假定值，重复上述步骤，直至按照上述两个公式计算结果相同。

由此，依次列出复合地基荷载 p_{spi}（kPa）和相应沉降量 s_i（mm）的关系，绘图即为复合地基荷载-沉降曲线。

4 结束语

本文依据桩和桩间土的荷载-沉降曲线，针对未铺褥垫层和铺设褥垫层两种情况，假定褥垫层侧向移动时体积不变，且褥垫层本身不产生压缩变形量，推演了复合地基荷载-沉降曲线的合成方法。

准确推演复合地基荷载-沉降曲线是很复杂的，本文给出了简洁思路和公式，下一步尚需结合工程进行验证。

参考文献

［1］ 王长科，郭新海. 基础-垫层-复合地基共同作用原理［J］. 土木工程学报，1996（5）：30-35.
［2］ 王长科. 工程建设中的土力学及岩土工程问题——王长科论文选集［M］. 北京：中国建筑工业出版社，2018.
［3］ 王长科. 复合地基复合土层压缩模量计算取值中的问题［EB/OL］. 岩土工程学习与探索，2018-04-21.
［4］ 王长科. 复合地基褥垫层厚度设计有了计算公式［EB/OL］. 岩土工程学习与探索，2017-12-10.

桩竖向静载荷沉降曲线的推演

【摘　要】 从研究竖向荷载作用下桩身微分单元的力平衡和变形连续入手，通过推演，给出了桩竖向静载荷沉降曲线的表达式。

1　前言

桩，无论是桩基础中的桩，还是复合地基中的桩，都是要发挥重要作用的。研究桩的竖向受力变形特性，对于桩的设计和经验分析总结具有重要意义。本文从分析桩的单元体受力入手，对桩竖向载荷沉降曲线进行推演，最终给出桩的载荷沉降曲线表达式。本文提供的方法可供岩土工程师参考。

2　桩竖向载荷沉降曲线的推演

如图 1 所示，在桩身取一段微分单元体，按照平衡方程，写出：

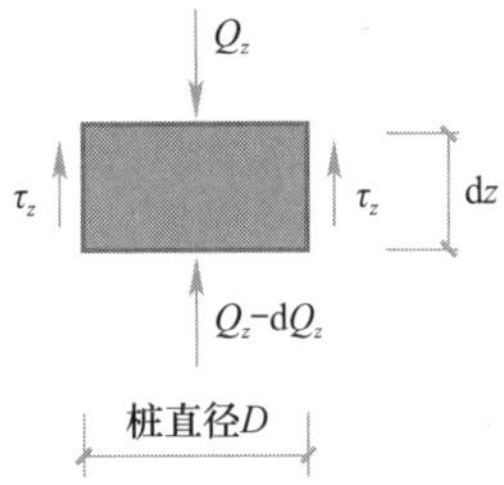

$$\mathrm{d}Q_z = \tau_z \pi D \mathrm{d}z \tag{1}$$

$$\int_{Q_z}^{Q} \mathrm{d}Q_z = \int_0^z \tau_z \pi D \mathrm{d}z \tag{2}$$

$$Q - Q_z = \bar{\tau}_z \pi D z \tag{3}$$

$$Q_z = Q - \bar{\tau}_z \pi D z \tag{4}$$

图 1　桩身微分段的受力

式中，Q 为桩顶荷载（kN）；Q_z 为桩长为 z 处桩截面的竖向力（kN）；τ_z 为桩长 z 处的桩侧摩阻力（kPa）；$\bar{\tau}_z$ 为桩长 z 范围内的桩侧平均摩阻力（kPa）；D 为桩身直径（m）。

按照变形连续方程，写出：

$$\mathrm{d}s = \frac{Q_z}{E_p A_p} \mathrm{d}z = \frac{Q - \bar{\tau}_z \pi D z}{E_p A_p} \mathrm{d}z \tag{5}$$

$$\int_{s_p}^{s} \mathrm{d}s = \int_0^L \frac{Q - \bar{\tau}_z \pi D z}{E_p A_p} \mathrm{d}z \tag{6}$$

$$s - s_p = \frac{Q}{E_p A_p} \cdot L - \frac{1}{2} \cdot \frac{\bar{\tau}_z \pi D}{E_p A_p} \cdot L^2 \tag{7}$$

式中，s 为桩顶沉降量（mm）；s_p 为桩端沉降量（mm）；Q 为桩顶荷载（kN）；E_p 为桩体的弹性模量（MPa）；A_p 为桩身截面积（m²）；L 为桩长（m）；$\bar{\tau}_z$ 为桩长 L（取 $z = L$）范围内的桩侧平均摩阻力（kPa）。

本文原载微信公众平台《岩土工程学习与探索》2018 年 9 月 19 日，作者：王长科

将式（7）改写为式（8），并列出其中 s_p（桩端沉降量）的表达式。

$$s = \frac{Q}{E_p A_p} \cdot L - \frac{1}{2} \frac{\overline{\tau}_z \pi D z}{E_p A_p} \cdot L^2 + s_p \tag{8}$$

$$s_p = \frac{\pi}{4} \cdot (1 - \mu^2) \cdot \frac{Q_p D}{E_{0s}} \tag{9}$$

式中，s_p 为桩端沉降量（mm）；E_{0s} 为桩底土的变形模量（MPa）；Q_p 为桩端压力（kN）；u 为土的泊松比。其他符号意义同前。

式（8）就是本文推演的桩静载荷沉降曲线表达式。从研究竖向荷载作用下桩身微分单元的力平衡和变形连续入手，通过推演，给出了桩竖向静载荷沉降曲线的表达式。桩竖向静载荷沉降曲线的推演，对桩的变形控制设计具有重要意义。

3 结束语

本文从研究竖向荷载作用下桩身微分单元的力平衡和变形连续入手，通过推演，给出了桩竖向静载荷沉降曲线的表达式。桩竖向静载荷沉降曲线的推演，对桩的变形控制设计，将具有重要意义。

参考文献

［1］ 王瑞华，王长科. 深井载荷试验测定井底土的变形模量［M］//王长科. 工程建设中的土力学及岩土工程问题——王长科论文选集. 北京：中国建筑工业出版社，2018.

浅析预应力管桩中振弦式应变计安装

【摘　要】 预应力混凝土管桩以其单桩承载力高、施工方便等优点作为房屋建筑结构和桥梁结构等土木工程的基础在工程中得到了广泛的应用。在管桩中安装应变计测量其应变，进而分析出应力状态，对研究管桩受力机理及长期监测基础状态意义重大。然而预应力管桩独特的生产工艺，在其中安装应变计尚无成熟方法，本文对试验安装过程注意点进行总结，以期为后续工作提供借鉴。

1　前言

预应力混凝土管桩以其单桩承载力高、施工方便等优点在房屋建筑结构和桥梁结构等基础工程中得到广泛的应用。一般常用应力测量的办法分析构件应力分布的基本特征，研究其承载能力以及稳定性，为结构和构件的损伤破坏提供依据。试验应力分析是提高管桩承载质量以及研究其失效模式的一种有效手段。

目前试验应力的测量工具主要是应变计，通过应力-应变关系即广义胡克定律即可转化为应力分析，以往在土木工程中常用的应变测量仪器是静态电阻式应变片。近些年，随着应力分析技术的开展，振弦式应变计逐渐被广泛使用。

因此将振弦式应变计埋设在预制管桩内可以测量不同时期应力状态，可以有效地对管桩进行应力分析，不仅能够提高其稳定性以及安全性，节省材料，降低工程造价，同时可以监测其应力状态，分析其安全性，实现"智慧基础"。

2　预应力管桩制作流程

预应力混凝土管桩可分为后张法预应力管桩和先张法预应力管桩。常用的先张法预应力管桩是采用先张法预应力工艺和离心成型法制成的一种空心筒体细长混凝土预制构件，主要由圆筒形桩身、端头板和钢套箍等组成。

主要生产流程如图1所示，钢筋笼制作—入模—合模—张拉—灌注混凝土—离心成型—高温高压蒸汽养护—脱模

3　振弦式应变计的工作原理

振弦式应变计主要由左右安装块、线圈和钢弦组成，如图2所示，其内部结构如图3所示。当应变计安装到结构表面后，其左右支座可随结构发生变形。一旦支座发生变化，

本文原载《北勘科技》2020年，作者：崔建波；指导：王长科

便可带动钢弦发生伸长或缩短，并使钢弦受力发生变化，从而改变弦的固有频率。测量时先对钢弦进行激振，并将感应信号进行滤波、放大、整形后采集，通过测量感应信号脉冲周期，即可测得弦的振动频率，经过换算即可得到被测结构的应变量。

(a) 钢筋笼制作

(b) 钢筋笼入模

(c) 合模

(d) 灌注混凝土

(e) 离心成型

(f) 高温高压蒸汽养护

图 1　生产流程（一）

(g)脱模、成品

图1　生产流程（二）

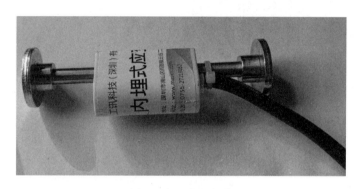

图2　内埋式应变计

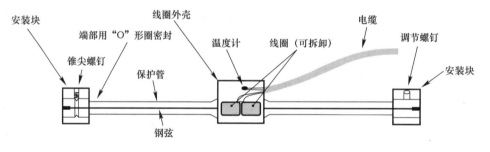

图3　应变计内部结构

振弦式应变计变量计算公式为：

$$\varepsilon = K(f_i^2 - f_0^2) + K_T(T_i - T_0) \tag{1}$$

式中，ε 为采集时刻相对初始时刻的应变量（$\mu\varepsilon$）；K 为振弦式应变计标定系数（$\mu\varepsilon/Hz^2$）；f_i 为振弦式应变计采集时刻的输出频率（Hz）；f_0 为振弦式应变计初始时刻的输出频率（Hz）；K_T 为振弦式应变计温度修正系数（$\mu\varepsilon/℃$）；T_i 为振弦式应变计采集时刻的温度（℃）；T_0 为振弦式应变计初始时刻的温度（℃）。

4　振弦式应变计的埋设方法探讨

通过前两节的介绍，可以分析得出预制管桩生产工艺，与埋入预制管桩内应变计成活量相互影响的方面有：（1）应变计的固定，因为成桩过程中，会高速旋转模板，要保证应变计位置与设计位置一致；（2）混凝土中粗集料在灌注、离心成型过程中对应变计的冲击作用；（3）预制管桩生产过程中高温高压及水蒸气对应变计的影响；（4）应变计电缆需要引出。测试需要应变计的电缆引出，到端头汇集，便于后期测数。

针对以上问题，本次试验中应变计采用如下方法进行安装：（1）应变计安装在管桩主筋上，位于箍筋内侧，如图4所示。为保证测量的准确性，须注意主筋和箍筋避让应变计测量头，同时要考虑后期离心成型的影响；（2）应变计与管桩主筋连接时先用胶带定位，再用绑丝固定，应变计的线缆与主筋采用绑带固定，绑带间隔40cm，起到辅助定位的作用，如图5所示；（3）对供应商要求，应变计核心部分采用胶封，如图6所示，起到隔水抗压的效果，提高应变计的耐水性，但受胶材质影响，应变计不能受高温作用；（4）应变计线缆固定在管桩主筋上，留一定富余量，便于钢筋张拉。线缆到端头汇集，截去过长线缆，此时应防止应变计编号丢失，如图7、图8所示；（5）另外桩身材料采用免蒸混凝土，可以降低混凝土养护温度，保护应变计。

最终成型管桩如图9所示。

图4　应变计安装

图5　定位

图6　胶封

图7　感应线

图 8　绑扎

图 9　浇筑完成

5　小结

本次共在 3 组 3 种长度的预制管桩内埋设应变计，共埋设 135 个应变计，损坏 40 个，成活率 70.4%，损坏统计情况见表 1。

应变计损毁统计表　　　　　　　　　　　　　　　　　　　　　　表 1

损坏情况	数量（个）	备注
测试数据异常	22	大于初始频率值
开路	10	数据采集仪提示开路
断路	8	数据采集仪提示断路及搬运过程中电缆被压断
合计	40	

本次试验是一次有意义的尝试，是提高应变计在预制管桩内埋设成活率的一次探索。表 1 中数据异常及开路的原因推断为管桩制作过程中离心成型工艺中离心机的旋转使得混凝土中粗集料（如石子）砸中应变计的安装块或保护管，而外侧箍筋对保护管有支撑力，两种力综合作用下使其弯曲，钢弦受拉甚至拉断，造成测量时频率值大于初始频率值甚至开路。现阶段生产工艺下这是不可避免的，采用什么方式可以最大限度地减少损失是今后试验改进方向之一。断路的原因则是因为场地内成型管桩机械挂钩压断端头的电缆，此类问题可以避免。另外，应变计电缆在管桩内部布置，到端头汇集，会影响端头汇集处混凝土的厚度，对桩身质量产生一定影响，也是亟待解决的难题之一。

通过分析应变计破坏原因，建议今后试验可采用以下方法提高埋设应变计成活率：①尽量选取小尺寸应变计，方便安装和保护，目前小型化是一种趋势；②综合考虑混凝土构件施工工艺，分析应变计破坏力方向，在受力方向进行保护；③采用可并线或无线应变计，减少构件内穿线。

参考文献

[1]　中华人民共和国水利部. 大坝监测仪器　应变计 第 2 部分：振弦式应变计：GB/T 3408.2—2008 [S]. 北京：中国标准出版社，2008.

[2]　陈常松. 混凝土振弦式应变计测试技术研究 [J]. 中国公路学报，2004（1）：29-33.

小应变测桩长的综合确定

【摘　要】　桩长 L 与速度 V、时间 t 有关。其中，时间 t 是小应变测试实测数据，而速度 V 是经验值。小应变测试桩长要结合经验综合确定。

1　小应变测试原理

小应变测试，又称低应变动力检测，主要用于桩基完整性检测。基本原理是，在桩顶施加激振信号产生应力波，波在沿桩身向下传播过程中，遇到界面（如蜂窝、夹泥、断裂、孔洞等缺陷）和桩端时，产生反射波，检测分析反射波的传播时间、幅值和波形特征，从而能判断桩的完整性。

一维应力波理论假设波动只是深度和时间的函数。据报道，如果杆件的长度 L 远大于杆的直径 D，可将其视为一维杆件。实践上，如果 $L/D > 7$，可近似认为一维杆件，即：当桩顶受到锤击时，产生一个向四周传播的应力波，除纵波外，还会有横波和表面波，在桩顶附近区域内，传递不会是一维的，只有到一定的深度（$Z > 7D$）时，应力波才会沿桩身向下作一维传播，符合一维应力波理论。

2　小应变测定桩长的理论根据

小应变的理论基础是一维应力波理论，基本原理是用小锤冲击桩顶，通过粘在桩顶的传感器接收来自桩中的应力波信号，采用应力波理论来研究桩土体系的动态响应，反演分析实测速度信号，获得桩的完整性。

桩长的计算公式为：

$$L = V \cdot t/2 \tag{1}$$

式中，L 为桩长；V 为应力波传递速度；t 为时间。

3　分析讨论

从式（1）看出，桩长 L 与速度 V、时间 t 有关。其中，时间 t 是小应变测试实测数据，而速度 V 是经验值。

混凝土桩的应力波速度，与混凝土强度等级、密实度、骨料、龄期、施工工艺等有关。因此，用小应变测试进行灌注桩的桩长判定，要结合地区经验、场地经验，以及施工单位施工经验，对波速进行综合判定取值，从而对桩长进行判定，严格说是一种估算。

本文原载微信公众平台《岩土工程学习与探索》2018 年 3 月 27 日，作者：王长科

混凝土强度等级和波速经验关系

混凝土强度等级	波速范围（m/s）
C15	2500～3000
C20	3000～3400
C25	3400～3700
C30	3700～4000
C40	4000～4200
C60	4200～4300

注：此表来源网络，数值偏低，供参考。

　　钢材的纵波一般在5900m/s左右，横波在3200m/s左右。刘向阳等在《用纵波波速推算混凝土抗压强度的对比试验及其分析》给出了混凝土试块的试验对比数据，如图1和图2所示。

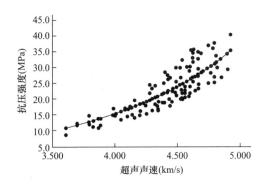

图1　（卵石）试块声速-抗压强度回归分析图　　图2　（碎石）试块声速-抗压强度回归分析图

混凝土冲切和剪切的区别与联系

【摘　要】　剪切是正交线荷载作用下形成一个 45°剪切平面，呈现截面剪断；冲切是集中荷载作用下形成一个 45°剪切锥面，是三维空间曲面，呈现锥体脱落。

　　混凝土的破坏有受压、受拉、受弯、受剪、受扭等形式，其中，对柱（墙）下基础、桩承台来说，冲切和剪切验算是重要内容。

　　冲切又称冲剪，冲切和剪切的相同点是，都是受混凝土抗拉强度控制的 45°斜面受剪。不同点是，剪切是正交线荷载作用下形成一个 45°剪切平面，呈现截面剪断；而冲切是集中荷载作用下形成一个 45°剪切锥面，是三维空间曲面，呈现锥体脱落。

　　不考虑钢筋作用时，要满足：

$$V \leqslant 0.7 \cdot \beta \cdot f_t A_t \tag{1}$$

式中，V 为斜面的受剪承载力；β 为截面高度、跨度等因素影响系数；f_t 为混凝土的轴心抗拉强度；A_t 为 45°斜面在与荷载作用方向相垂直平面上的投影总面积。

　　按照《混凝土结构设计规范》GB 50010—2010，混凝土轴心抗拉强度标准值、设计值见表 1、表 2。

混凝土轴心抗拉强度标准值（N/mm²）　　　　　　　表 1

强度	混凝土强度等级													
	C15	C20	C25	C30	C35	C40	C45	C50	C55	C60	C65	C70	C75	C80
f_{tk}	1.27	1.54	1.78	2.01	2.20	2.39	2.51	2.64	2.74	2.85	2.93	2.99	3.05	3.11

混凝土轴心抗拉强度设计值（N/mm²）　　　　　　　表 2

强度	混凝土强度等级													
	C15	C20	C25	C30	C35	C40	C45	C50	C55	C60	C65	C70	C75	C80
f_t	0.91	1.10	1.27	1.43	1.57	1.71	1.80	1.89	1.96	2.04	2.09	2.14	2.18	2.22

本文原载微信公众平台《岩土工程学习与探索》2018 年 3 月 26 日，作者：王长科

赵州桥的工程分析和启示

【摘　要】　综述了赵州桥的工程概况，进行工程分析，得出启示：拥有智慧、精细、科学、耐久、自适应和自然美，终为千年大计。

1　前言

在赵县的洨河上，有一座石拱桥，名为赵州桥（图1），古称大石桥、石桥，据记载是隋朝李春建造。赵州桥始建于公元595年（隋文帝开皇15年），完工于公元606年（隋炀帝大业2年），历时11年，迄今已有1400余年，仍屹立在洨河上。赵州桥是世界上现存年代最久远、跨度最大、保存最完整的单孔弧形敞肩石拱桥，其建造工艺独特，在世界桥梁史上首创"敞肩拱"结构形式，具有较高的科学研究价值，在中国造桥史上占有重要地位，对世界桥梁建筑有着深远的影响。赵州桥功能稳定、耐久、结构合理、过水能力强、建筑美，足以说明其建造的成功，是活生生的千年大计的典范。本文通过搜集赵州桥的工程概况、工程结构、受力分析、技术措施、建筑美学、建筑文化等资料，进而寻找启发，以期对当前工程建设的百年大计、千年大计事业有所裨益。

图1　赵州桥

本文原载微信公众平台《岩土工程学习与探索》2018年8月8日，作者：王长科

2 赵州桥的工程概况

（1）工程水文地质部件与岩土工程分析

洨河，发源于河北省石家庄市鹿泉五峰山的溪流，流经石家庄市鹿泉区、栾城区、赵县，邢台市宁晋县，与沙河汇合后入滏阳河，最后汇入海河。洨河全长 62.3km，河面宽度约 40m，为季节性河流，支流较多而短小，枯水期绝大部分河段干涸，汛期排水不畅，最大流量为 1390m³/s。古时丰水期通航。

赵州桥位于赵县城南，桥址地段的地层自上而下分布，如图 2 所示。

① 层填土，分为三个分层，分述如下：

①₁ 人工填土：黄褐色，硬塑，湿，含砖头、石块等。分布在河床两侧台地 3~4m 以上，桥下河床表层约 3m 厚度内为黑灰色软塑饱和黏性土混砂，过去曾经挖掘过，为人工换土。

①₂ 冲填土：成分为粉质黏土，黄褐色，软塑—硬塑，湿—饱和，混砂土，可见砖头、石块、姜石、贝壳。分布在桥下的上下游河床表层 3.5m 的范围内。

①₃ 冲填土：成分为中粗砂，黄褐色，中密，湿—饱和，混黏性土，含砖头、石块、姜石、螺壳。一般分布在①₂ 层的下面或是①₂ 层的夹层，厚度 1~3m。

② 层粉质黏土：黄褐色，硬塑，湿，含姜石、植物根系。分布在河床两侧台地的人工填土层以下，厚度 3.5m。

③ 层粉土：黄褐色，硬塑，湿—饱和，含姜石，分布在桥台基底以下，层厚 7m 左右，是桥台的持力层。含水率 $\omega = 17.7\%$，天然重度 $\gamma = 19.5\text{kN/m}^3$，天然孔隙比 $e_0 = 0.63$，饱和度 $S_r = 0.76$，液性指数 $I_L = 0.41$（饱和土液性指数 $I_L = 0.40$），压缩模量 $E_{s1-2} = 19.2\text{MPa}$（饱和土为 $E_{s1-2} = 14.9\text{MPa}$）。

③₁ 黏土：③ 层的夹层，棕黄色，硬塑，湿，层厚 0.15~0.50m，仅分布在标高 29.0m 附近。

④ 层粉质黏土：褐黄色，硬塑，饱和，含姜石。分布在③ 层之下，厚度 3m，为桥台地基的下卧层。天然重度 $\gamma = 19.8\text{kN/m}^3$，天然孔隙比 $e_0 = 0.69$，饱和度 $S_r = 0.93$，液性指数 $I_L = 0.39$，固结试验压缩模量 $E_{s1-2} = 9.1\text{MPa}$（饱和土压缩模量 $E_{s1-2} = 8.7\text{MPa}$）。

⑤ 层粉细砂：褐黄色，中密，饱和，厚度 1.5m，分布在桥台下底下约 9m。

⑥ 层粉质黏土：褐黄色，硬塑，饱和。勘察深度至标高 17.68m，该层未揭穿。

（2）赵州桥工程结构方案

拱桥为单跨桥梁结构（图 3），桥面长度 64.4m，桥面宽度 9.0~9.6m。主拱净跨 37.02m，净矢高 7.23m，拱券厚度 1.03m，拱券轴线圆弧半径 27.82m，矢高 7.05m，矢跨比 1/5.25，中心张角为 83°24′24″。

在主拱背上的两头，各设两个小拱，拱券厚度 65cm，靠外侧的伏拱净跨 3.81m，拱券圆弧半径 2.3m，靠里侧的伏拱净跨 2.85m，拱券圆弧半径 1.5m。大拱和四个小拱均由 28 道平行拱券组成，每道宽度 35cm，共有 27 道拱缝。每道拱券的岩石砌块高 1.03m，长度 1.0m，宽度 25~40cm，如图 4 所示。

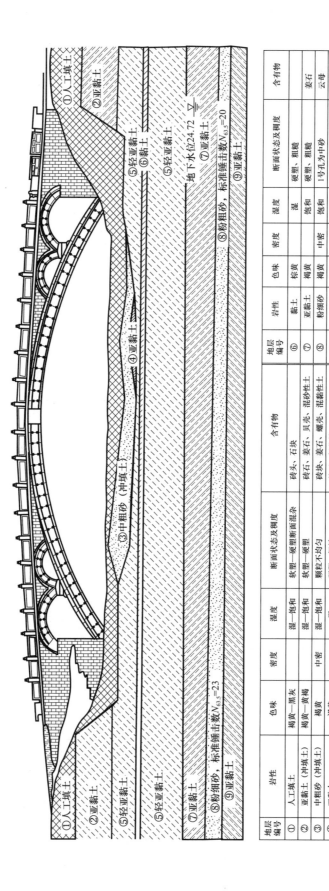

图2 赵州桥土层分布

地层编号	岩性	色味	密度	湿度	断面状态及稠度	含有物
①	人工填土	褐黄-黑灰		湿-饱和	软塑-硬塑断面混杂	砖头、石块
②	亚黏土（冲填土）	褐黄-黄褐		湿-饱和	软塑-硬塑	砖石、姜石、贝壳、混砂性土
③	中粗砂（冲填土）	褐黄	中密	湿-饱和	颗粒不均匀	砖块、姜石、螺壳、混黏性土
④	亚黏土	褐黄		湿	硬塑、粗糙	姜石、氧化铁
⑤	轻亚黏土	褐黄		湿-饱和	硬塑	姜石、氧化铁

地层编号	岩性	色味	密度	湿度	断面状态及稠度	含有物
⑥	黏土	棕黄		湿	软塑、粗糙	
⑦	亚黏土	褐黄		饱和	硬塑、粗糙	姜石
⑧	粉细砂	褐黄	中密	饱和	1号孔为中砂	云母
⑨	亚黏土	褐黄		饱和	硬塑	姜石

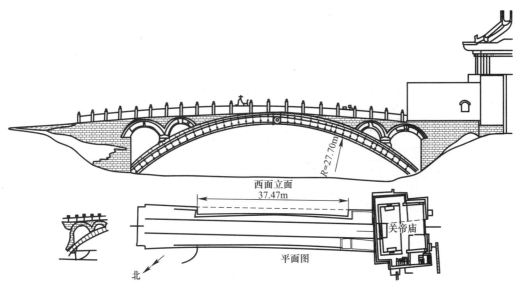

图 3 赵州桥结构

图 4 赵州桥底部实景图

拱背铺有厚度为 24～16cm 的横向护拱条石（拱脚处护拱条石厚度 24cm，拱顶处护拱条石厚度 16cm）。桥的两侧护拱石各设有 6 块钩石，石长 1.2m，外端呈钩状，下伸 5cm，钩住最外侧的拱券。在拱石和护拱石之间的缝中埋有铁拉杆，用于加强主拱券的横向稳定性，如图 5 所示。

桥面宽度在两端桥台处为 9.6m，向中间拱顶处收分为 9.0m 宽，各拱券在自重下互相依靠，提高了整体自稳性。主拱券与护拱石结为一体，构成变截面的石拱券，两边厚，向拱顶处逐渐变薄，与拱桥的受力状况相和谐。

图 5　铁拉杆实景图

　　1955 年对桥做过一次比较全面的修缮，在拱背和护拱石板之间加铺了一层钢筋混凝土盖板，加强拱的整体稳定性，如图 6 所示。

20世纪50年代重修前的赵州桥

图 6　赵州桥修缮图

（3）地基基础方案

根据 1983 年《中国古桥技术史》编委组织的钻探和局部开挖发现，实体桥台长 5.8m，宽 9.6m，基础高度 1.57m。基础由五层浆砌石组成，每层较上一层稍出台一点，呈台阶状，如图 7 所示。

图 8 为翁伟（2015）等专家根据调查公布的赵州桥东立面图和桥台图。

（4）技术措施

赵州桥成为千年大计，在技术上采取了许多成功措施，归纳如下：

1）赵州桥的桥址地形、地质条件良好，相变单一，地层稳定，河道顺直，水流平顺对称，河道从不改道，河流冲刷微弱，桥台稳定。

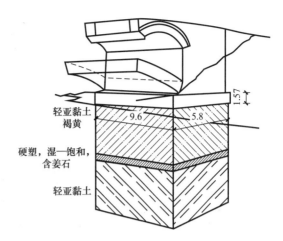

图7　赵州桥桥台设计图

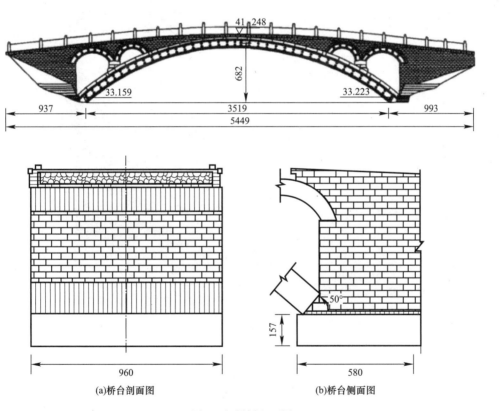

(a)桥台剖面图　　　　　(b)桥台侧面图

图 8　赵州桥立面图

2）采用平拱即扁弧形拱（坦拱）的形式，既降低高度，增加了桥的稳定性和承重能力，又方便桥上通行，还节省了石料。

3）石材采用石灰岩、砂岩，质地密实坚硬，耐久性好。

4）4 个小拱可以节省石料 26m³，减轻自身重量 70t。

143

5）每一拱券采用了下宽上窄、略有"收分"的方法，使每个拱券向里倾斜，相互挤靠，增强其横向联系，以防止拱石向外倾倒；在桥的宽度上也采用了少量"收分"的办法，就是从桥的两端到桥顶逐渐收缩宽度，从最宽 9.6m 收缩到 9.0m，以加强大桥的稳定性。

6）在主券上沿桥宽方向均匀设置了 5 个铁拉杆，穿过 28 道拱券，每个拉杆的两端有半圆形杆头露在石外，以夹住 28 道拱券，增强其横向联系。在 4 个小拱上也各有一根铁拉杆起同样作用。

7）在靠外侧的几道拱石上和两端小拱上盖有护拱石一层，以保护拱石；在护拱石的两侧设有钩石 6 块，钩住主拱石使其连接牢固。

8）为了使相邻拱石紧紧贴合在一起，在两侧外券相邻拱石之间都穿有起连接作用的"腰铁"，各道券之间的相邻石块也都在拱背穿有"腰铁"，把拱石连锁起来。而且每块拱石的侧面都凿有细密斜纹，以增大摩擦力，加强各券横向联系。这些措施使整个大桥连成一个紧密整体，增强了整个大桥的稳定性和可靠性，如图 9 所示。

图 9　梁思成、莫宗江在赵州桥下留影（20 世纪初）

（5）沉降情况

赵州桥建成已有 1400 多年，经历了 10 次水灾，8 次战乱和多次地震，特别是 1966 年 3 月 22 日邢台发生 7.2 级地震，赵州桥距离震中只有 40km，都没有被破坏，著名桥梁专家茅以升说："先不管桥的内部结构，仅就它能够存在 1400 多年就说明了一切"。1963 年的水灾，大水淹到桥拱的龙嘴处，据当地的老人说，"站在桥上能感觉桥身很大的晃动"。据记载，赵州桥自建成以来共修缮 99 次。据 1955 年修缮时的测量结果，桥基沉降仅 5cm 左右。

3 赵州桥的工程分析

（1）拱脚仰角分析

赵州桥的主拱采用单跨圆拱券，拱脚直接嵌在桥台浅基础上。如果拱脚的仰角 α 设计太小，就意味着拱脚对基础的水平推力会很大，不利于基础水平稳定；若拱脚的仰角 α 设计太大，拱脚对基础的水平推力虽然小了，但拱券的高度就会比较大，不利于人畜过桥通行。因此，合理确定拱脚仰角 α 是石拱桥设计的第一要务（图10）。

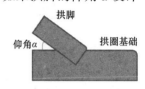

图 10 拱脚拱券分析图

下面列出拱脚的水平推力和抗力相平衡的方程式。

$$\frac{T\sin\alpha\tan\varphi_c + P_p}{T\cos\alpha} = K \tag{1}$$

取 $P_p = 0$，$K = 1$，得到

$$\tan\alpha = \frac{1}{\tan\varphi_c} \tag{2}$$

式中，T 为拱脚的轴向推力；α 为拱脚的仰角；φ_c 表示基底综合摩擦角；P_p 表示基础侧面被动土压力；K 表示安全系数。

由拱脚与内摩擦角的关系（图11）可以看出，拱脚仰角 α 为 40° 时相应的基底综合摩擦角为 50°。从这个简单分析看出，赵州桥的拱脚仰角选定了 40°，基本上达到了最佳。

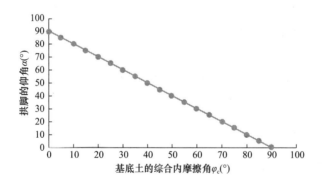

图 11 拱脚与内摩擦角的关系

（2）拱券受力分析

截至目前，关于赵州桥的主拱圈受力分析，多数专家是按照拱结构的结构力学进行分析的，包括有限单元法，基本都是把拱券当作连续弹性介质体，然后进行结构力分析，最后都得出结论，赵州桥的主拱轴线是很科学的，弯矩很小，拱券主要是受压。

笔者认为，石拱桥属于砌石散体结构，石拱是沿拱轴线互相挤压在一起的块石组成的压力拱，拱券的横截面上只有轴压力和剪力，不会有弯矩，因为石拱在受力后，如果有出

现弯矩的趋势，石拱就会自然出现自适应的变形，最后仍然达到零弯矩的压力拱轴线位置，如图 12 所示。

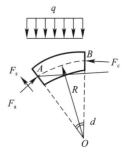

图 12 拱券受力分析图

由此根据图 12 所示，列出均布荷载 q 作用下的拱券截面的力平衡方程式，其中，B 点为拱顶点。

对 A 点取矩：

$$F_c(R - R\cos\alpha) - qR\sin\alpha \cdot \frac{1}{2}(R\sin\alpha) = 0 \tag{3}$$

得出：

$$F_c = \frac{1}{2}qR(1 + \cos\alpha) \tag{4}$$

式中，F_c 为拱顶中点的水平轴力；q 为拱券上部的均布荷载；R 为拱券的半径；α 为圆心角。

对圆心 O 点取矩：

$$F_aR - F_cR - qR\sin\alpha \cdot \frac{1}{2}R\sin\alpha = 0 \tag{5}$$

得到：

$$F_a = F_c + \frac{1}{2}qR \sin^2\alpha \tag{6}$$

式中，F_a 为 A 截面的拱券轴力。

取水平向的力平衡：

$$\sum F_x = 0$$
$$F_a\cos\alpha - F_s\sin\alpha - F_c = 0 \tag{7}$$

得到：

$$F_s = \frac{F_a}{\tan\alpha} - \frac{F_c}{\sin\alpha} \tag{8}$$

式中，F_s 为 A 截面的剪力。

对于赵州桥，拱脚的圆心角为 42.5°，拱弧半径 $R = 27.3\text{m}$，取均布荷载 $q = 3500\text{kN/m}$，按照上述公式计算，得到

146

$$F_c = 83010\text{kN}$$
$$F_a = 83010 + 47775 \cdot (\sin\alpha)^2$$
$$F_s = [83010 + 47775 \cdot (\sin\alpha)^2]/\tan\alpha - 83010/\sin\alpha$$

拱券的轴力、剪力随圆心角的变化规律如图 13 所示，拱顶处的轴力最小，拱脚轴力最大；而对拱截面的剪力，拱顶为 0，拱脚最大，对应圆心角 25°处，拱截面的剪力为 0。这说明石拱桥的拱脚最容易开裂和破坏。这一点，应引起注意和验证。

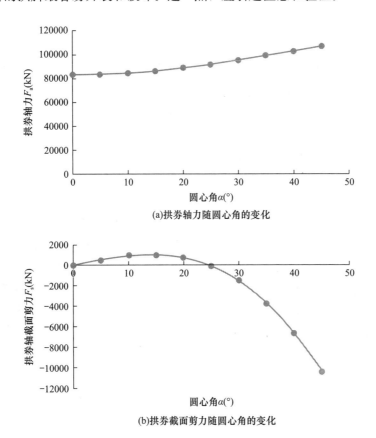

(a)拱券轴力随圆心角的变化

(b)拱券截面剪力随圆心角的变化

图 13   拱券的轴力、剪力随圆心角的变化规律

（3）地基基础方案分析

赵州桥的桥台基础为砌石浅基础，基础宽度 9.6m，长度 5.8m，基础高度 1.57m，埋深 2.0～2.5m，基底压力 21766kN，平均基底压力 390kPa。基础持力层为③层粉土。

按照《公路桥涵地基与基础设计规范》JTG 3363—2019，根据③层粉土的孔隙比 $e_0 = 0.63$，含水量 $w = 17.7\%$，查表 4.3.3-4，得到粉土地基承载力特征值 $f_{a0} = 260$kPa；按照表 4.3.3-5，E_s 为 19.2MPa，查得 $f_{a0} = 460$kPa；按照《中国古桥技术史》记载，基底最大承载力为 440kPa。

从上述几组数据看，结合对赵州桥桥址地层的经验估计，李春当年建设赵州桥初期，估计天然地基承载力不满足需要，经过多年的建设，地基受到荷载预压，地基承载力增长，最终采用的浅基础很好地满足了地基稳定的需要。

4 赵州桥的建筑美

赵州桥近看有玲秀之感，桥面栏板望柱蛟龙、花卉浮雕，刻工精细，刀法苍劲有力，风格古朴典雅，显示了隋代深厚、严整、矫健、俊逸的石雕艺术风格。

远看，巨身凌空，雄伟壮观，主次尺度协调，虚实互衬，实空相宜，线条分明，刚柔相济，充满韵律，隐于自然。

5 赵州桥的启示

赵州桥是以李春为代表的先人认识自然、改造自然、尊重自然的一个经典代表作，集中体现了中国优秀传统文化。

古人的建造智慧：感悟自然，生活经验，哲学指导，几何数学。结合好了：刚柔、虚实、有意和无意（巧妙、巧合）、快和慢、人与自然。

成就千年大计：巧借自然，科学先进，材料质量、结构合理、耐久、自适应、自维护、零检测、与自然相协同（位置、方向、阳光、风向、温度）。

赵州桥的特点：科学、巧妙、细致、稳固、耐久；大跨度、低高度、单跨敞肩、大流量。

拥有 17 个质量属性：功能性（功用、性能、指标、数据）、实用性（适用、适合、适宜、社会化、大众化，使用方便）、耐久性、空间性、先进性（巧妙、先进材料、先进技术、先进工艺、智能、智慧）、经济性、符合性（达标、标准性）、安全性（可靠、稳定、无害）、时间性、绿色性（健康、环保、节能、节地、节水、节约资源，与环境协同）、视觉性（舒适）、方便性（操作性、便利性、快速）、拓展性（兼容、扩展）、维护性（可维护、自维护）、自适应性（巧借自然之力）、一体协同性、文化性（启发、启迪、提醒、弘扬）。

6 结束语

赵州桥是千年大计的经典代表作，本文对赵州桥的概况、工程方案进行了综述和分析，旨在研究古人建桥的智慧和经验，供土木工程师借鉴。土木工程师，在做好质量工作同时，要格外注意做好绿色、耐久这两个涉及千年大计的工程要素。

参考文献

[1] 罗英. 中国石桥 [M]. 北京：人民交通出版社，1959.

[2] 茅以升. 中国古桥技术史 [M]. 北京：北京出版社，1986.

[3] 钱令希. 赵州桥的承载力能力分析 [J]. 土木工程学报，1978，20（4）：39-48.

[4] 程才实. 天下第一桥 [J]. 建筑，2001（4）：59，61.

[5] 李靖森. 从赵州桥的现状看桥梁的耐久性问题 [Z]. 2009.

[6] 翁伟，王毅娟. 赵州桥基础稳定性分析 [J]. 北京建筑大学学报，2015（4）：36-39.

[7] 翁伟. 基于赵州桥勘察研究结果探析石拱桥的建造技术及特点 [D]. 北京建筑大学硕士学位论文，2016.

附：李春传说

　　李春，又名李通，隋代柏仁（今河北省邢台市隆尧县西部）人，自幼聪颖过人，善算术，工石艺，因其技艺精湛，民间称其为"活鲁班"。

　　相传东魏末年，柏仁县境内的尧山脚下诞生了一个神奇的男儿，名叫李春，父亲是一名石凿技术很高的匠人。李春童年时聪颖过人，乡民们闲玩划地游戏，如"走四子""九子围葫芦"等，谁也赢不了小李春，都说这孩子将来肯定是个奇才。李春父亲看着精明的儿子，便把他送到邻村的学堂去读书，因为学堂教书的李先生，名字也带有个春字，所以李春就改名叫李通了（后来有叫他李通的，也有叫他李春的）。李春不同其他的孩子们，他在用功识字的同时，非常喜欢算术，有一次先生出了一道算术题：一伙老头去赶集，半路碰上一堆梨，每人吃三个还剩三个，每人吃四个就差两个，求几个老头？多少梨？问谁能算出来？话落音没多久，李春便回答是五个老头十八个梨，李先生叹为奇才。李春年岁稍长，家资渐渐接济不上，于是，李春便放弃学业跟着父亲上山凿石。

　　由于他对算术的偏爱，算起数来得心应手，所以村里人分地、盖房都少不了找他去计算。李春根据所学知识，编出了好多算题让人学，诸如："一块高粱红丹丹，一伙短工围着扦，扦七垄长七垄，扦八垄短十三。求多少个短工？多少垄高粱？""二十块砖，二十人搬，汉子每人搬三块，妇女每人搬两块，两个小孩抬一块。求几个汉子？几个妇女？几个小孩？""一百一十一根针，一伙妇女围着分，只许把针分均，不许折断针。求针和妇女各多少？"这些算题一直流传至今。当时李春父亲每次出去承揽石头活，也都由李春编造预算。按他编造的预算，每项工程所备的材料都与实际使用相合，几乎不多不少，不缺不余。李春心灵手巧，胸有成竹，他做出来的石活和设计的造型，总比别人的新颖奇特，从此，他的名字越传越远。

　　李春在为庄主琢磨着石磨石碾的体积和重量，突然脑子里朦朦胧胧进入了境界：他坐在一块石头上计算着石碾的重量，一位老人站在他的面前笑不拢口，直到老人欲走开时他才发现，急忙起身到老人前施礼："请老前辈留步，晚辈真是太不懂礼数了，万望不要见怪。"老人停住脚步问："你这小子，老夫站在你面前，你却不加理睬，老夫要走，你又跑来搭话，究竟为何？"李春说："晚辈正在计算一组石料的重量，真是对不起。"老人说："一尺方石头二百斤，这也不知道吗？"李春笑着："这我知道，但我得算出圆石的方数啊！"老人：

"你怎么个算法？"李春："径自乘二五乘，圆天周子十二归，有多长计多长，积在一起便是方。"意思是将圆的360度除以12，得出圆的周率，以圆的直径二次方乘0.25，然后再与周率、长度相乘。老人笑着说："古之九数，圆周率三，圆径率一，其数疏舛。自刘歆、张衡、刘徽、王蕃、皮延宗之后，各设新率。祖冲之更开密法，以圆径一亿为一丈，圆周盈数是三丈一尺四寸一分五厘九毫二秒七忽。"意思是九章算术中以三为圆周率，误差太大了。后有刘歆等相继推出新率，直到祖冲之才将圆周率精确到3.1415927。李春听后即刻跪到老人面前，请求赐教。老人很高兴，与李春谈了好长时间，最后赠给了李春一轴画卷就走，李春问老人贵姓，老人说："老夫鲁莽，一般一般……"边说边走去。好久李春才清醒过来，原来是鲁班神师，李春向着老人走去的方向磕头三拜。从此之后，鲁班便成了李春的代名词，人们很少再有叫他李春的了。

李春的传奇和故事，冥冥中都与其聪敏好学、善良勤劳的品格有关系。李春身上承继了隆尧人优秀的基因密码。

隋文帝杨坚统一全国后，疆域辽阔，经济发达，中外文化交流频繁。被誉为"四通之域"的赵州，北上可通涿郡蓟县（今北京市），南下可达东都洛阳（今河南洛阳），东至冀州，西通太行。陆路车旅络绎不绝，水运船只昼夜繁忙，发源于井陉封龙山的洨河流经赵州城南，每逢夏季，雨水山泉顺流而下，波涛汹涌，给两岸车辆行人带来极大不便，当地人们渴望建桥，争相捐资。为了建桥，组织者先后到赞皇、获鹿、柏仁等地勘察石质，寻找工匠。经过对比，最后决定用柏仁境内的尧山、干言山的石头。

"修了赵州一座桥，吃掉尧城半架山"，这样的民谣在从隆尧到赵县的沿途千百年来一直流传着。那时，当赵州桥修建组织者得知名匠李春的情况后，专程邀请李春为修建大桥的总指挥。李春经过周密考察，根据水陆交通的需要和自然地理环境的特点，继承前人建桥经验，发挥了高超智慧和创造才能。他精心绘制图纸，详细计算用料，挑选高技术石匠，既当指挥官，又亲自上阵，成功地在洨河上建造了一座举世闻名的赵州大石桥。有人传说李春在修建赵州桥的时候，是按着鲁班的石桥画卷计算修建的。赵州桥的建成，反映了隋代尧山石匠的智慧和敢为天下先的胆识。据北京大学所编《金石汇目分编》卷三《补遗》中一项纪录，在赵州桥下曾有一块唐山石工李通题名石，上有"开皇十五年"字样，证明了李春是赵州桥的修建主持者。（来源于网络资料）

邯郸弘济桥的工程简析及其与赵州桥的对比

【摘　要】　简析了河北邯郸永年弘济桥工程概况，供工程师和旅游文化爱好者参考。

1　前言

弘济桥位于河北邯郸市永年区广府城城东 2.5km 的东桥村村西滏阳河上，距邯郸市 20km，所处的滏阳河河道为南北流向，故为东西横跨桥，东桥村因在桥东而得名。又因其位于广府古城东，当地人也称之为"东桥""老东桥"。

赵州桥名气大，知之者甚多。弘济桥很多人还不知道，只是当得知并现场看了之后，会觉得震撼，而且其震撼程度不在赵州桥之下，故有"名气尽数赵州桥，学术全在弘济桥"之说。

本文从工程角度简析弘济桥工程，并与赵州桥进行对比，供土木工程师及旅游文化爱好者参考。

2　弘济桥工程概况

弘济桥（图 1）始建于隋代，距今约 1400 年，为单孔双敞肩石拱桥，全部用块石砌成，桥长 48.9m，宽 6.82m，主券跨度为 31.88m，矢高 6.02m。

图 1　弘济桥正视图片

本文原载微信公众平台《岩土工程学习与探索》2018 年 9 月 23 日，作者：王长科

弘济桥桥面两边各有 18 根方形望柱，17 块栏板，上刻狮子、猴、鹿、麒麟、石榴、桃和武松打虎等图案，栏板中部刻有"弘济桥"三个大字，如图 2～图 9 所示。

弘济桥的地基基础方案至今未见报道，据当地人说为桥台基础下天然地基。

图 2　弘济桥局部构造（1）

图 3　弘济桥局部构造（2）

图 4　弘济桥局部构造（3）

图 5　弘济桥局部构造（4）

图 6　弘济桥局部构造（5）

图 7　弘济桥主拱圈

图 8　弘济桥桥面（1）

图 9　弘济桥桥面（2）

赵州桥原称谓安济桥，与弘济桥名字相近。两桥的年代、外形、风格、结构、功能，都几乎一模一样，区别是弘济桥略小，此外，赵州桥的两肩上有四个小券，又称腹拱，而弘济桥的两肩上只有两个小券。

弘济桥的主拱拱券为悬链线，赵州桥的主拱为圆弧。从这一点看，弘济桥的受力，会更合理。赵州桥富阳刚之气（阳刚、宏大、担当、简单、稳健、勤俭、气派、直上云霄），弘济桥富阴柔之美（细腻、承载、美丽、严谨、朴实、韵律、亭亭玉立）。

3 弘济桥的传说

鲁班是著名的木石世家，尤其善于建造桥梁，由他设计建造的桥梁造型美观，经久耐用。所以，全国各地的大型桥梁都请他去造。鲁班有个妹妹，人称鲁妹。鲁妹从小跟着哥哥学习设计建造桥梁，深得真传，在桥梁设计方面有了很高的造诣，经常帮着哥哥出主意想办法。

鲁班受命建造赵州桥，在设计建造中，鲁妹建议鲁班在桥身中横贯铁梁，以加强大桥的牢固性。鲁班自恃才高，不听鲁妹之言，兄妹因此发生矛盾。鲁妹一气之下只身南下，来到了广府东关外的滏阳河边。滏阳河水流湍急，因河上无桥，老百姓生活非常不方便。就在河边，鲁妹下决心，一定要在这里修一座桥，并且要和哥哥比比高低上下。

鲁妹充分发挥自己的才能智慧，和当地百姓一起，披星戴月、夜以继日、截水断流、鞭山赶石，终于在滏阳河上建造了一座造福千秋万代的弘济桥。弘济桥造型美观大方，在规模和样式上和赵州桥大致一样，但在内部构造上却别出心裁，增加了大桥的稳固性。鲁班因不听鲁妹之言，赵州桥几乎被张果老的毛驴压塌。鲁班亲临广府，向妹妹赔礼学习，每到雨后彩虹之中仍能看到兄妹并肩站在桥头的身影。

4 结束语

中国自古为神州大地，具有悠久的文明史，各地都有出神入化的古建筑，这些文化景点充分记载了古人的智慧和勤劳。本文简析河北邯郸永年的弘济桥，供工程师和旅游文化爱好者参考。

参考文献

[1] 王长科. 赵州桥的工程分析和启示［EB/OL］. 岩土工程学习与探索，2018-08-08.

第四篇
基坑及地下空间工程

地下空间工程中的岩土问题

【摘　要】　介绍了地下空间工程的概念，总结了现有建造技术方案以及常见的岩土问题，为地下空间的开发建设提供借鉴。

1　前言

近年来，大、中型城市发展迅速，城市对发展空间的需求也日益增加，各种空间资源从地上转入了地下，地下空间工程得到了快速发展。地下空间工程位于地表之下或是部分位于地表之下，这一点决定了地下空间工程的岩土问题将贯穿于地下空间工程及其环境保护的全生命周期，包括选址、规划、勘察、设计、建造、使用、维护、改造、加固、拆除和恢复。对于地下空间工程来说，岩土问题具有全过程性、广泛性和特殊性。本文对此进行简要总结，方便读者系统看待。

2　地下空间工程基本概念

从狭义的定义出发，地下空间工程系指全部位于或部分深入地下的洞室类建设工程，包括地下房屋与地下构筑物、地下交通、地下油气库、水下隧道、地下管廊、地下通道、地下井巷和地下军事工程等。而广义的地下空间工程则是指全部位于或部分深入地下的涉及岩土开挖的工程，除包括通常所指人或设备可进出的地下空间工程之外，尚包括地下资源开发工程等。

3　地下空间工程建造技术方案

随着施工技术的不断发展，地下空间工程的建造方法也多种多样，目前归类有明挖法、浅埋暗挖法、盖挖法、钻爆法、掘进机法、盾构法、顶管法、沉埋管段法、沉井法、非开挖技术方法等。以上建造方案都有其适用的条件和特点，各类建造技术概述如下：

（1）明挖法。从地表向下，进行放坡开挖、先支护后开挖、边开挖边支护等方式挖出基坑，然后在基坑底进行地下空间的工程施工，之后回填，形成地下空间工程。

（2）浅埋暗挖法。对埋藏较浅的地下空间工程，不进行明挖基坑，在控制好地面沉降前提下，在地下进行暗挖，边暗挖边支护，最终建成地下空间工程。在浅埋条件下建造地下工程，为控制好地表沉降，按照"十八字原则"（管超前、严注浆、短开挖、强支护、

本文原载微信公众平台《岩土工程学习与探索》2020年2月5日，作者：王长科

快封闭、勤量测），在洞内采用管棚或超前锚杆、注浆等方式超前治理好围岩地质条件，用格栅（或其他形式钢结构）和喷锚作为初期支护，运用"新奥法"原理，采用复合式衬砌（初期支护、防水层和二次衬砌等）进行地下空间开挖。

（3）盖挖法。先在地面明挖一定深度，进行地下空间工程的围护桩、柱和顶盖施工，之后在顶盖下进行暗挖并施工下部工程，可以顺作，也可以逆作。在交通不能中断，且需要一定交通流量的地段建造地下空间时，一般选用盖挖法。

（4）钻爆法。以钻孔、装药、爆破为开挖手段，以围岩-结构共同作用为支护设计理论，采用复合式衬砌结构，以钻爆开挖作业线、装渣运输作业线、初期支护与防排水作业线、二次模筑衬砌作业线、辅助施工作业线为特点，进行隧道开挖支护施工。

（5）掘进机法。用掘进机开挖岩石隧洞的一种施工方法。全断面掘进机简称 TBM，由主机和后配套系统组成。主机由刀盘、刀头、主电机、传动系统、管片安装设备、超前钻探设备、操作室、超前支护设备等组成。通常所说盾构机严格意义上也是掘进机的一种，一般 TBM 用于硬岩、盾构机用于土层和软岩。

（6）盾构法。采用盾构机进行土层隧道全断面开挖支护的一种工法。该法以高度自动化为特征，以固岩-支护共同作用为开挖支护设计理论，适用于土层和软岩隧道。

（7）顶管法。隧道或地下管道穿越铁路、道路、河流或建筑物等时采用的一种暗挖式施工方法。通过导向轨道，用支承于基坑后座上的液压千斤顶将管水平压入土层中，同时挖除并运走管正面的泥土。当第一节管全部顶入土层后，接着将第二节管接在后面继续顶进，这样将一节节管顶入，做好接口，建成涵管。顶管法是继盾构施工之后发展起来的地下管道施工方法，按挖土方式的不同分为机械开挖顶进、挤压顶进、水力机械开挖和人工开挖顶进等。

（8）沉埋管段法。以预制的方法分段形成隧道主体结构，以水下基槽开挖、浮运、沉放、对接、回填及辅助作业为特征，是隧道施工安全性很高的方法，适用于水流平缓、基底软弱的水下隧道施工。

（9）沉井法。在地面下沉预制井筒的施工方法。在井口位置，预制好沉井刃脚和一段井壁，边掘边沉，再在地面浇筑，接长井壁，继续下沉。

（10）非开挖技术。利用岩土钻掘、定向测控等技术手段，在地表不开挖情况下，穿越河流、湖泊、重要交通干线、重要建筑物，实现对供水、天然气、污水、电信电缆等公用管线的检测、铺设、修复与更换的一种施工技术。

4 地下空间工程中的岩土问题

岩土问题涉及地下空间工程的全生命周期，内容广泛，包括下列问题：

（1）地形地貌及地质稳定性问题包括地形测量，工程地质测绘，遥感，摄影测量，三维激光扫描；地质构造，地震效应；不良地质及地质灾害（崩塌、落石、滑坡、泥石流、水土流失、地面沉降、岩溶、黄土湿陷、地裂缝等）；地形地质 GIS 等方面。

（2）环境调查问题包括安全距离、地面设施、地下管线、人防、文物、水体等，环境 GIS 等方面。

（3）岩土工程勘察问题包括钻探和取样技术、原位测试技术、取样试验技术、岩土性质测试及岩土工程勘察 BIM 等方面。其中钻探和取样技术可细分为智能钻探，智能钻头，地层智能记录，现场便携智能岩土测试仪器，岩土分类和鉴别等方面。岩土性质测试可细分为基本性质、工程性质、动力性质、化学性质、渗透性质、可灌性、热物理性质、孔隙气性质、土壤微生物、地温热能、地应力、岩土体结构、爆破性、岩土特殊性、室内试验、原位测试、工程物探等多个类别。

（4）开挖支护和岩土加固问题包括放坡、土钉支护、桩锚支护、喷锚支护、内支撑支护、超前小导管、管棚、锚杆、注浆、冻结、土压平衡、水压平衡，可挖性，爆破，止水、降水、回灌。特殊性岩土的行为控制，极端天气防护措施，岩土开挖支护稳定和变形、地下水稳定、地面塌陷和环境影响，以及岩土工程开挖支护 BIM。

（5）地基、路基问题包括地基承载力，地基变形，地基处理，桩基础，浅基础，抗浮锚杆，以及地基基础 BIM。

（6）施工监测、预警和应急（含工程、环境）包括边坡、围岩、支护结构、底面、掌子面、地下水及工程周边环境的监控量测、预警、应急。机器人、工程风险控制平台、终端及信息化系统。

（7）工程监护及环境保护问题包括岩土变形、岩土稳定、微地振、环境建筑物损伤、地下水环境影响，健康监测及健康管理系统。

5 结束语

地下空间工程是岩土工程的一个重要领域，集中体现了岩土开挖支护、围岩稳定、地基基础、环境影响等多个岩土工程核心难题，地下空间工程涉及的全部岩土问题应是依其建造方案不同而不同，每个具体问题要做到精准把握都需要付出艰苦努力。

本文仅就工程上常见的岩土问题进行点题式总结，归结起来主要有稳定、变形、协同和应急四个方面，其中地形地质 GIS、岩土工程 BIM、信息化施工、时空效应应用、风险智慧控制等将成为地下空间工程的关键环节。

基坑支护设计稳定计算新思维

【摘　要】　简要分析了基坑支护稳定计算内容，提出了基坑支护设计稳定计算新思维。

1　前言

　　基坑支护的方法多种多样，做好基坑支护工程设计方案，因地制宜，结合经验，科学计算，是确保基坑工程安全合理的首要前提。目前基坑支护的方法主要有土钉支护、悬臂桩支护、双排桩支护、桩锚支护、内支撑支护、水泥土挡墙支护等。基坑支护设计验算的内容很多，各工程因地质条件、环境条件不同，设计计算内容是不完全相同的。一般来说，基坑支护设计稳定计算的主要内容是整体稳定、局部稳定和渗透稳定。

　　（1）支护结构的整体稳定，也称外部稳定，如抗倾覆、抗滑移、抗隆起等。

　　（2）支护结构的局部稳定，也称内部稳定、构件稳定，如土钉、锚杆的抗拉断或抗拉出；围檩的抗弯和抗剪稳定；桩的抗弯、抗剪稳定等；水平内撑和竖向立柱的抗压、抗弯、抗剪稳定等。

　　（3）渗透稳定，如抗浮、流土和管涌稳定。

　　以上三种稳定性评价方法已经成熟的运用到工程实践之中，从传统的基坑稳定计算方法出发，结合工程实践的体会，针对支护结构的整体稳定和局部稳定的计算方法，我们提出了两种新的稳定性评价的思维方式，分别是"假想建筑物地基计算法"和"卸荷补偿法"与大家分享交流。

2　基坑支护设计稳定计算新思维

　　（1）支护结构的整体稳定计算新思维——假想建筑物地基计算法。

　　土钉支护结构的整体稳定计算示意如图 1 所示，桩锚结构的整体稳定抗倾覆稳定计算示意如图 2 所示。如果将支护结构形成的整体看作一个假想建筑物，那么，该假想建筑物的地基承载力和水平抗滑满足安全要求，就意味着该支护结构的整体稳定分别如图 3、图 4 所示。为此我们提出这样一种思维方法，支护结构的整体稳定计算，可按支护结构整体形成的假想建筑物，验算其地基承载力和水平抗滑移即可。

　　（2）支护结构的局部稳定计算新思维——卸荷补偿法

　　基坑在开挖前，地基不同深度处的水平应力为其地基原位水平应力。开挖后，为保证基坑边坡稳定，进行基坑支护以提供必要的水平力确保基坑边坡稳定。为此我们提出这样一种新的思维方法，支护结构的局部稳定计算，可按照基坑开挖水平卸荷大小，进行支护

本文原载微信公众平台《岩土工程学习与探索》2018 年 8 月 24 日，作者：王长科

结构提供的水平力补偿验算，如保证基坑边坡水平位移为零，则水平补偿压力应为其相应的地基原位水平应力；如允许基坑边坡出现一定的水平位移量，则水平补偿压力可为其相应的主动土压力，或介于地基原位水平应力和主动土压力之间，如图5、图6所示。

图 1　土钉支护结构整体稳定计算示意图

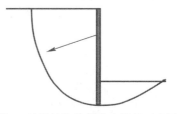

图 2　桩锚结构整体稳定计算示意图

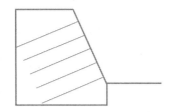

图 3　土钉支护结构整体稳定计算新思维
　　　——假想建筑物地基计算法

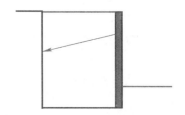

图 4　桩锚结构整体稳定计算新思维
　　　——假想建筑物地基计算法

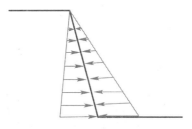

图 5　土钉支护结构的局部稳定计算
　　　新思维——卸荷补偿法示意

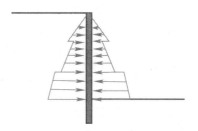

图 6　桩锚和内支撑支护结构的局部稳定计算
　　　新思维——卸荷补偿法示意

3　结束语

本文提出了基坑支护设计稳定计算新思维，供同行专家和工程师参考。本文只是阐述了稳定计算新思维的理念，具体设计计算尚需进一步细化。

参考文献

[1]　王长科. 土钉支护设计方法研究［R］. 河北省建设厅，2006.
[2]　王长科. 工程建设中的土力学及岩土工程问题——王长科论文选集［M］. 北京：中国建筑工业出版社，2018.
[3]　林宗元. 简明岩土工程勘察设计手册［M］. 北京：中国建筑工业出版社，2003.
[4]　林宗元. 岩土工程治理手册［M］. 北京：中国建筑工业出版社，2005.

危险性较大基坑工程安全论证需要重视的几个问题

【摘　要】　总结了危险性较大基坑工程安全论证应重视的几个问题。

1　前言

当前，按照住房城乡建设部第 37 号令，安全论证是危险性较大工程安全管理的一个重要环节。对于基坑工程来说，在专家论证会上，要准确把握其安全性，不少时候是一件有难度的工作。本文给出需要在会议期间给予关注几个问题，供参考。

2　会上需要关注的几个问题

（1）基坑位置、尺寸、功能、作用、时间要求。

（2）基坑工程的周边环境，包括：既有建（构）筑物（高度、平面尺寸、水平距离、结构类型、年代、基础形式、埋深、荷载、允许变形、健康状况）；管线（水平距离、埋深、材质、管径、年代、功能、允许变形、健康状况）；人防、地铁（空间位置、尺寸、结构、允许变形、健康状况）；道路（车辆荷载）；水体；施工场地布置、土方运输方案等。

（3）岩土工程勘察报告

勘察平面范围和深度，是否考虑基坑工程需要；表层填土性质；地层的空间分布、均匀性；地下水，注意区分层水位；不良地质；强度指标 c、φ 的试验方法，平均值、标准值、变异系数，推荐值，地质条件可能造成的工程风险。

（4）基坑工程方案、图纸及计算书

分区的合理性；概念设计的合理性；防排水措施；安全防护措施；安全应急预案；施工图；执行的规范；分区计算剖面位置的合理性；计算模型的合理性；超载取值；地层代表性、c、φ 取值；分项系数、安全系数；整体稳定性；构件的构造措施；预加力和变形控制、报警值；配筋；计算书，要注意软件计算电子计算书的涂改。

（5）施工方案

施工组织设计的可行性；危险源辨识；工序；技术措施；安全措施；应急预案。

（6）监测方案

监测点合理性；监测方法、精度；报警。

以上内容，虽不是论证的全部内容，但应给予重视。基坑工程安全是一件十分重大的

本文原载微信公众平台《岩土工程学习与探索》2018 年 7 月 20 日，作者：王长科

事项，各方应全力以赴、通力合作，加强巡视、监测、预测、协同分析，确保基坑内外安全。

参考文献

[1] 危险性较大的分部分项工程安全管理规定（住房和城乡建设部令第 37 号，2018 年 6 月 1 日起执行）
[2] 住房城乡建设部办公厅关于实施《危险性较大的分部分项工程安全管理规定》有关问题的通知（建办质〔2018〕31 号，2018 年 5 月 17 日）

基坑支护支撑点布置概念设计

【摘　要】　提出基坑支护设计时要先从概念设计角度进行有针对性的选择布置，使设计更加合理。

概念设计，是指针对系统解决方案，运用生活经验、工程经验、哲学原理、科学定理和自然规律感悟，在不进行详细计算比较的情况下，做出的一种认识性、判断性、经验性、方向性和思路性的设计。概念设计是一种宏观的把控，对系统解决方案的最终形成发挥重要作用。

基坑支护常见的方案有土钉支护、桩锚支护、桩＋内支撑等，支撑点（内支撑、锚杆、土钉）位置的概念设计有两种：

方案一：按照自然状态土压力分布的控制性进行布置，优点是桩次应力小，弯矩小，配筋少，缺点是水平变形大。如图 1 所示。

方案二：按照自然状态水平位移分布的控制性进行布置，优点是位移控制好，缺点是桩内次应力大，弯矩大，配筋多。如图 2 所示。

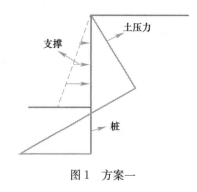

图 1　方案一

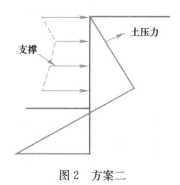

图 2　方案二

本文原载微信公众平台《岩土工程学习与探索》2017 年 10 月 22 日，作者：王长科

坡顶复合地基超载的土压力计算建议

【摘　要】　分析了复合地基超载的传力特点，建议了坡顶复合地基超载引起基坑土压力的计算方法。

1　土压力计算回顾

1857 年，朗肯通过假定与土体接触的墙背垂直光滑，根据土的极限平衡理论提出了朗肯土压力理论。

$$e_{\mathrm{a}} = \sigma_{\mathrm{z}} K_{\mathrm{a}} - 2c\sqrt{K_{\mathrm{a}}} \tag{1}$$

$$K_{\mathrm{a}} = \tan^2\left(45° - \frac{\varphi}{2}\right) \tag{2}$$

上述公式，主要是针对土中竖向有效应力 σ_{z} 引起的主动土压力，这就是经典的朗肯主动土压力理论解答。对于坡顶的局部超载引起的土压力，通常有弹性理论解答和规范规定的解答两种计算方法。弹性理论解答如图 1～图 3 所示。

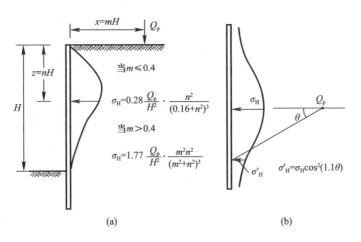

图 1　坡顶集中荷载引起的侧向压力理论解答

应该说，坡顶局部超载引起侧压力的弹性理论解答，在概念上相当于静止土压力。按照《建筑边坡工程技术规范》GB 50330—2013 和《建筑基坑支护技术规程》JGJ 120—2012 的规定，坡顶局部超载引起的侧向主动土压力计算分别如图 4、图 5 所示。

以上就是当前标准中有关坡顶局部超载引起基坑土压力的计算方法。但对于基坑坡顶为复合地基上的超载来说，由于复合地基中桩的深部传力功能，这就使得这种情况下的基

本文原载微信公众平台《岩土工程学习与探索》2018 年 7 月 12 日，作者：王长科

坑土压力的计算变得复杂。那么对于复合地基处理后的坡顶位置如何取值？本文给予分析并给读者设计计算建议。

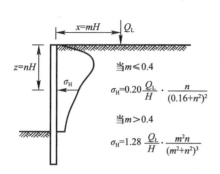

图 2　坡顶线荷载引起的侧向压力

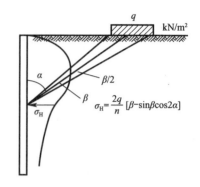

图 3　坡顶条形荷载引起的侧向压力

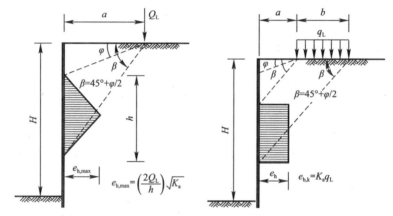

图 4　《建筑边坡工程技术规范》给出的坡顶局部超载引起的主动土压力

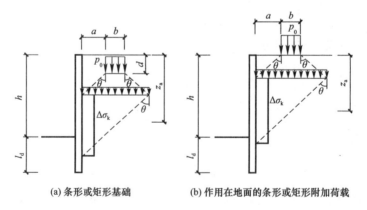

(a) 条形或矩形基础　　　　(b) 作用在地面的条形或矩形附加荷载

图 5　《建筑基坑支护技术规程》给出的坡顶局部超载引起的主动土压力（扩散角宜取 45°）

2　坡顶复合地基超载引起基坑土压力的原理分析和计算建议

图 6 表示坡顶的复合地基超载，超载即超过原自重压力的附加压力部分。按照桩土复

合地基设计新思维，基底平均压力 p_k 的表达式为：

$$p_k = mp_p + (1-m)p_s \tag{3}$$

式中，p_k 为基底平均压力（kPa）；m 为置换率；p_p 为桩顶压强（kPa）；p_s 为桩间土受到的压力（kPa）。

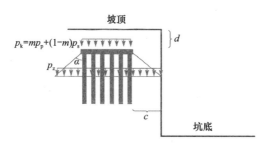

图 6　坡顶复合地基超载引起土压力示意图

复合地基超载（附加压力）为：

$$p_{k0} = mp_{p0} + (1-m)p_{s0} \tag{4}$$

式中，p_{k0} 为基底附加压力（超载）（kPa）；m 为置换率；p_{p0} 为桩顶附加压力（kPa）；p_{s0} 为桩间土附加压力（kPa）。

坡顶复合地基超载引起土压力由两部分组成：一是桩间土附加压力 p_{s0} 引起的土压力，二是桩承担附加压力 p_{p0} 引起的土压力。显然，如果使用基底附加压力 p_{k0} 直接计算土压力，由于未考虑复合地基桩的深部传力作用，计算的土压力会偏大，不合理。这时，和天然地基超载的土压力计算结果会是一样的。如果单纯使用桩间土附加压力 p_{s0} 计算土压力，不考虑桩承担荷载的扩散传递作用，因此计算的土压力会偏小，基坑支护工程会偏于危险。因此，正确反映土压力的，应当是采用一个介于基底附加压力 p_{k0} 和桩间土附加压力 p_{s0} 之间的一个值，作为坡顶超载，来计算土压力。

3　结束语

坡顶复合地基超载引起的基坑土压力，对其进行精准计算，是很复杂的。本文进行了简易分析并提出建议，采用一个介于基底附加压力 p_{k0} 和桩间土附加压力 p_{s0} 之间的一个值作为坡顶超载，来计算基坑支护土压力，作者经过近几年的实践，认为简便、成功、有效，供工程师参考使用。

参考文献

[1]　王长科. 素混凝土桩复合地基承载力设计新思维 [EB/OL]. 岩土工程学习与探索，2017-11-02.

基坑外侧为有限空间土体情况的基坑土压力简洁计算法

【摘　要】　分析了基坑外侧为有限空间土体的基坑土压力概念，建议了两种情况下的基坑土压力计算方法。

1　前言

紧邻既有建筑建设是常见的事，对于基坑土压力来说，由于朗肯土压力理论假定了半无限空间体的前提，所以遇到基坑坡顶到既有建筑为小距离情况时，仍然简单按照朗肯土压力理论计算基坑土压力，多数情况是不合理的。那么我们就要找到一个合理的计算方法，这样才能较为准确地计算出有限空间土体基坑的受力情况。

本文就此问题进行分析，提出基坑外侧有限空间土体的基坑土压力两种情况下的简洁计算法的建议，供读者参考。

2　基坑外侧为有限空间土体的基坑土压力概念分析

（1）朗肯土压力回顾

朗肯于 1857 年提出的古典土压力理论，用以计算土体作用于挡土墙上的主动或被动土压力。其假设：墙背为光滑的，水平面及竖直面上均无剪应力，即该两面均为主应力作用面；土体内各点都处于极限平衡状态。当土体处于主动状态时，最大主应力作用面为水平面；当土体处于被动状态时，最大主应力作用面为竖直面，如图 1 所示。

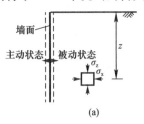

朗肯主动土压力强度为：

$$e_a = \sigma_z K_a - 2c\sqrt{K_a} \tag{1}$$

$$K_a = \tan^2\left(45° - \frac{\varphi}{2}\right) \tag{2}$$

朗肯被动土压力强度为：

$$e_p = \sigma_z K_p + 2c\sqrt{K_p} \tag{3}$$

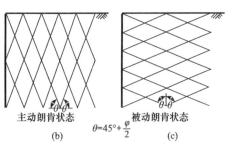

图 1　朗肯土压力的极限平衡状态

本文原载微信公众平台《岩土工程学习与探索》2018 年 7 月 18 日，作者：王长科

$$K_p = \tan^2 \left(45° + \frac{\varphi}{2} \right) \tag{4}$$

从前述理论和图示可以看出，朗肯主动土压力理论的实质，是土体处于竖向压力为大主应力、水平应力为小主应力的极限平衡状态，如图2所示。

（2）基坑外侧有限空间土体的基坑土压力基本概念

对于基坑外侧为有限空间土体的情况，基坑土压力由下述两部分组成：①土体自重产生的土压力；②坡顶超载及既有建筑附加压力（超载）产生的土压力。

如图3所示，基坑外有限空间土体自重产生的土压力，主要因基坑壁到建筑物外墙之间的有限宽度的土体自重而产生。既有建筑的外墙不向有限空间土体传递推力。

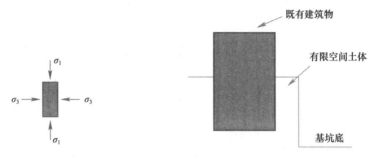

图2　朗肯土压力的极限平衡应力状态　　　图3　基坑外侧有限空间土体

3　基坑外侧有限空间土体自重产生的基坑土压力计算建议

（1）第一种情况：基坑外侧有限空间土体和既有建筑外墙之间的摩擦力为零，并不存在推力传递。这种情况，是标准的朗肯土压力应力状态情况，竖向压力为大主应力，水平力为小主应力。主动土压力强度按式（1）计算。

（2）第二种情况，基坑外侧有限空间土体和既有建筑外墙之间存在摩擦力，但没有推力传递。由于这种情况下的大、小主应力方向不是竖向和水平向，不满足朗肯土压力应力状态，因此，作者建议采用计算剩余下滑力的方法计算基坑土压力。

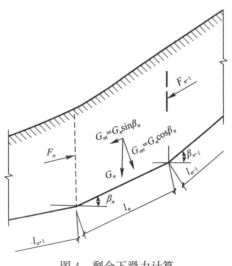

图4　剩余下滑力计算

借鉴《建筑地基基础设计规范》GB 50007—2011 中第 6.4.3 条的规定，取滑坡推力安全系数 γ_t 为 1.0，按规范给出的滑坡推力 F_n 计算公式计算出剩余下滑力，作为基坑土压力，如图 4 所示。因计算繁琐，作者编制成计算机软件，如图 5 所示。

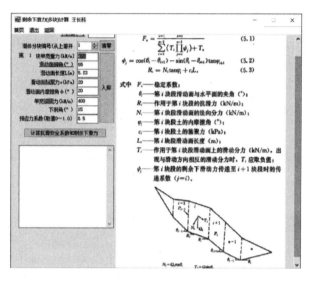

图 5　剩余下滑力计算软件

当滑动面为折线形时，滑坡推力可按下列公式进行计算。

$$F_n = F_{n-1}\psi + \gamma_t G_{nt} - G_{nn}\tan\varphi_n - c_n l_n \tag{5}$$

$$\psi = \cos(\beta_{n-1} - \beta_n) - \sin(\beta_{n-1} - \beta_n)\tan\varphi_n \tag{6}$$

式中，F_n、F_{n-1} 为第 n 块、第 $n-1$ 块滑体的剩余下滑力（kN）；ψ 为传递系数；γ_t 为滑坡推力安全系数；G_{nt}、G_{nn} 为第 n 块滑体自重沿滑动面、垂直滑动面的分力（kN）；φ_n 为第 n 块滑体沿滑动面土的内摩擦角标准值（°）；c_n 为第 n 块滑体沿滑动面土的黏聚力标准值（kPa）；l_n 为第 n 块滑体沿滑动面的长度（m）。

4　结束语

本文针对基坑外侧为有限空间体情况下的基坑土压力计算，提出了两种情况下的计算建议，这也是作者近几年的实践总结，原理简单明确，可供同行工程师参考。

实际上，精准计算基坑外侧为有限空间体情况下的基坑土压力，是一件十分复杂的技术工作，今后仍需加强研究和积累经验。

参考文献

[1] 王长科. 坡顶复合地基超载的土压力计算建议 [EB/OL]. 岩土工程学习与探索，2018-07-12.
[2] 王长科. 工程建设中的土力学及岩土工程问题——王长科论文选集 [M]. 北京：中国建筑工业出版社，2018.
[3] 刘国彬，王卫东. 基坑工程手册 [M]. 第 2 版. 北京：中国建筑工业出版社，2009.

支护桩（墙）弹性法挠度曲线方程的通用表达式

【摘　要】 根据支护桩（墙）微分单元体的平衡方程和变形连续方程，给出了支护桩（墙）弹性法挠度曲线方程的通用表达式，可供编程使用。

1　前言

基坑支护桩（墙）的内力计算有极限平衡法和弹性法之分。对弹性法计算，按照见到的文献报道，基本都是分为坑底之上和坑底之下两种情况，列出支护桩（墙）水平挠度曲线方式。本文对此进行推导，不分坑底之上和坑底之下，给出支护桩（墙）弹性法挠度曲线方程的通用表达式，可供编程使用。

2　支护桩（墙）弹性法挠度曲线方程的推导回顾

支护桩（墙）弹性法计算，俗称弹性支点法，计算模型，如图 1 所示。

（1）坑底之上的支护桩（墙）

取微分单元体：

根据力平衡条件有：

$$\frac{\mathrm{d}Q}{\mathrm{d}z} = -p_{ak}b_a \qquad (1)$$

根据

$$\frac{\mathrm{d}M}{\mathrm{d}z} = Q \qquad (2)$$

从而得到：

$$\frac{\mathrm{d}^2 M}{\mathrm{d}z^2} = -p_{ak}b_a \qquad (3)$$

根据弯矩与挠度的微分关系：

$$\frac{\mathrm{d}^2 y}{\mathrm{d}z^2} = -\frac{M}{EI} \qquad (4)$$

得到坑底之上支护桩的挠度曲线微分方程为：

$$EI\frac{\mathrm{d}^4 y}{\mathrm{d}z^4} - p_{ak}b_a = 0 \qquad (5)$$

（2）坑底之下的支护桩（墙）

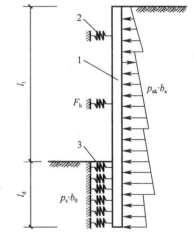

图 1　基坑支撑支护结构弹性
支点法计算模型
1—围护桩（墙）；2—内支撑弹性支座；
3—土反力弹性支座

取微分单元体：

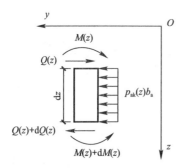 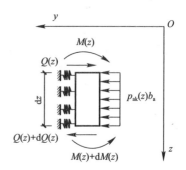

根据力平衡条件：

$$Q-(Q+dQ)+k_s y b_0 dz-(p_{ak}b_a dz)=0 \tag{6}$$

整理可得

$$\frac{dQ}{dz}=-p_{ak}b_a+k_s y b_0 \tag{7}$$

再根据

$$\frac{dM}{dz}=Q \tag{8}$$

可得

$$\frac{d^2 M}{dz^2}=k_s y b_0 - p_{ak}b_a \tag{9}$$

引进弯矩与挠度的微分关系，可得弹性地基梁的挠度曲线微分方程为：

$$EI\frac{d^4 y}{dz^4}+k_s y b_0 - p_{ak}b_a=0 \tag{10}$$

式中，EI 为计算宽度支护桩（墙）的抗弯刚度（kN·m²）；m 为地基土水平抗力系数的比例系数（MN/m⁴）；b_0 为抗力计算宽度（m）；z 为支护桩（墙）顶部至计算点的距离（m）；y 为支护桩（墙）水平变形（m）；b_a 为支护桩（墙）计算宽度（m）。

3 支护桩弹性法挠度曲线方程的通用表达式

取微分单元体：
根据力平衡条件有：

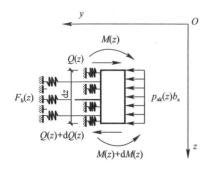

$$Q-(Q+dQ)+F_h dz+k_s y b_0 dz-(P_{ak}b_a dz) \tag{11}$$

整理可得

$$\frac{dQ}{dz}=-p_{ak}b_a+F_h+k_s y b_0 \tag{12}$$

根据弯矩和剪力的关系

$$\frac{dM}{dz}=Q \tag{13}$$

根据弯矩与挠度的微分关系

$$\frac{\mathrm{d}^2 y}{\mathrm{d}z^2} = -\frac{M}{EI} \tag{14}$$

得到支护桩挠度曲线微分方程的通用表达式为：

$$EI\frac{\mathrm{d}^4 y}{\mathrm{d}z^4} + F_\mathrm{h} + k_\mathrm{s} y b_0 - p_\mathrm{ak} b_\mathrm{a} = 0 \tag{15}$$

式中，EI 为计算宽度支护桩（墙）的抗弯刚度（kN·m²）；y 为支护桩（墙）水平变形（m）；z 为计算点至支护桩（墙）顶的距离（m）；p_ak 为支护桩（墙）外侧水平荷载（kPa）；b_a 为支护桩（墙）外侧水平荷载的计算宽度（m）；k_s 为基坑底面以下支护桩（墙）内侧土的反力系数（kN/m³），基坑底面以上为 0；b_0 为支护桩（墙）内侧土的反力计算宽度（m）；F_h 为相应于外侧水平荷载计算宽度的内支撑水平轴力（或水平锚固力）沿深度分布线力（kN/m），作用在支点标高处的支点作用面积上，其他处为 0。

4 结束语

本文根据微分单元体的平衡方程和变形连续方程，给出了支护桩（墙）弹性法挠度曲线方程的通用表达式，可供编程使用。

复合土钉墙中土钉和锚杆的共同作用及其简易设计

【摘　要】 通过分析土钉和锚杆的作用机理，推导了基于相同变形条件下复合土钉墙中土钉和锚杆内力、应力比计算公式，进而提出按土钉墙方案进行稳定验算，将部分土钉替换为预应力锚杆，按二者应力比情况配置预应力锚杆的简易设计计算原理。

1　前言

土钉墙因其技术经济的优越性，尤其是在非饱土地区获得广泛应用。对于坑周存有超载情况或是基坑深度较深情况，通常同时使用锚杆，形成土钉-锚杆复合土钉墙支护技术，既保留了土钉墙的技术经济优势，又利用了锚杆的预应力，可以更好地控制变形。

准确设计计算复合土钉墙，尤其是要准确控制位移，是一件十分困难和复杂的工作，本文通过探讨机理，给出简易设计计算原理，供同行参考，不妥之处请指正。

2　土钉加筋机理

土钉是先成孔（孔底应伸入边坡稳定区内），孔内放置土钉杆件（如钢筋等）、从孔底开始全长度注浆，最终形成全长粘结的加筋杆件。土钉发挥作用是要靠边坡的变形，边坡发生变形，边坡稳定区的土是相对稳定不动的，而主动区的土体在自重及超载作用下，发生向凌空方向的主动变形，因土钉是全长度粘结的抗拉杆件，主动区土体通过钉土的粘结作用即摩阻力，带动土钉发生和主动区土体相同一体的变形。而在稳定区，相对稳定不动的土体会通过钉土粘结即摩阻力，使土钉获得抗拔功能。最终形成，主动区的土体拔土钉，稳定区的土体使土钉抗拔。土钉在主动区的摩阻力和稳定区的摩阻力，若方向相反，大小相等则边坡处于稳定安全状态；大小不相等时，边坡处于不稳定状态。

3　锚杆锚固机理

锚杆是同样要先成孔，在孔内放置锚杆，从孔底开始注浆。注浆范围在边坡稳定区内的这一段叫锚固段；边坡主动区内的锚杆长度范围叫自由段，这一段是不注浆的，或者是在锚杆外先套上塑料管，外面注浆，这样确保自由段的锚杆和边坡土之间不产生摩阻力。锚杆的边坡面层很重要，边坡发生主动变形产生的主动土压力，通过面层传递给锚杆，锚杆通过锚固段提供的抗拔力予以平衡。为更好控制边坡位移，一般要采取措施，在做好锚

本文原载微信公众平台《岩土工程学习与探索》2019 年 10 月 4 日，作者：王长科

杆和面层锁定锚杆前，给予张拉，使锚杆获得预应力（预拉力）。边坡向下开挖后，只要因主动土压力而使锚杆获得的拉力（下称后拉力）小于此前的预应力，边坡将处于近似零位移状态，后拉力超过此前预应力时，边坡发生相应变形。

4 土钉-锚杆复合土钉墙支护机理

复合土钉墙一般由超前微型桩、土钉和锚杆复合而成，超前微型桩起的作用主要是分步开挖不坍塌，另外也加强了面层。对于边坡的整体支护稳定来说，主要靠土钉和锚杆的作用。这里只探索土钉、锚杆的复合支护机理。

以前述土钉、锚杆的机理看，二者发挥作用是不同步的，随边坡开挖引起主动压力及同步位移的发生，预应力锚杆先行发挥作用，土钉后续发挥作用。就某边坡某一特定位移并假定锚杆、土钉等位移而言，二者将存在一个锚钉应力比的概念。

$$p_n = E_n \cdot s/A_n \tag{1}$$
$$p_a = (E_a \cdot s + p_{pr})/A_a \tag{2}$$
$$n = p_a/p_n \tag{3}$$

式中，p_n 为土钉的拉应力；E_n 为土钉材料的抗拉模量；s 为土钉杆件的伸长变形量；A_n 为土钉杆件的横截面积；p_a 为锚杆的拉应力；p_{pr} 为锚杆的预拉力；E_a 为锚杆材料的抗拉模量；s 为锚杆杆件的伸长变形量；A_a 为锚杆杆件的横截面积；n 为锚钉应力比。

从上述公式可以看出，如果锚杆预拉力 p_{pr} 为零，且钉、锚材料性质尺寸相同，则二者应力比等于1。

5 简易设计计算建议

由此，按土钉墙方案进行稳定验算，之后按经验和概念分析，将部分土钉替换为预应力锚杆，按二者应力比情况配置预应力锚杆。

参考文献

[1] 中华人民共和国住房和城乡建设部. 复合土钉墙基坑支护技术规范：GB 50739—2011 [S]. 北京：中国建筑工业出版社，2012.
[2] 中华人民共和国住房和城乡建设部. 建筑基坑支护技术规程：JGJ 120—2012 [S]. 北京：中国建筑工业出版社，2012.

m 值的经验值选用

【摘　要】　列出了《建筑基坑支护技术规程》JGJ 120—2012 和《建筑桩基技术规范》JGJ 94—2008 中关于 m 值选用的规定，进行对比，提出工程应用建议。

1　前言

m 值表示土的水平抗力系数随深度变化的比例系数，常用计量单位为 kN/m⁴ 或 MN/m⁴，广泛用于基坑支护设计和桩的水平抗力设计。

基坑支护采用桩＋锚杆，或桩＋内支撑方案时，采用弹性支点法（m 法）计算，需要坑底以下各土层的 m 值。在当前工程设计上，当缺乏试验资料和地方经验时，有两本规范给出了经验值和经验公式可供使用。

本文就《建筑基坑支护技术规程》JGJ 120—2012 和《建筑桩基技术规范》JGJ 94—2008 给出的地基土水平抗力系数的比例系数 m 值，进行对比，并就工程应用提出建议。

2　《建筑基坑支护技术规程》和《建筑桩基技术规范》给出 m 经验值的比较

《建筑基坑支护技术规程》JGJ 120—2012 第 4.1.6 条给出了 m 值经验公式，即，土的水平反力系数的比例系数宜按桩的水平荷载试验及地区经验取值，缺少试验和经验时，可按下列经验公式计算：

$$m = \frac{0.2\varphi^2 - \varphi + c}{\nu_b} \tag{1}$$

式中，m 为土的反力系数的比例系数（MN/m⁴）；c、φ 分别为土的黏聚力（kPa）、内摩擦角（°），对多层土，按不同土层分别取值；ν_b 为挡土构件在坑底处的水平位移量（mm），当此处的水平位移不大于 10mm，可取 $\nu_b = 10$mm。

第 4.1.6 条的条文说明为：水平反力系数的比例系数 m 值的经验公式是根据大量实际工程的单桩水平荷载试验，按公式经与土层的 c、φ 值进行统计建立的。

$$m = \left[\frac{H_{cr}}{\chi_{cr}}\right]^{\frac{5}{3}} / b_0 (EI)^{\frac{2}{3}} \tag{2}$$

对公式进行列表计算，结果见表 1。

本文原载微信公众平台《岩土工程学习与探索》2018 年 10 月 5 日，作者：王长科

建筑基坑规范 *m* 值（MN/m⁴）经验公式的表列计算结果 表1

内摩擦角 φ(°)	黏聚力 c(kPa)									
	0	10	15	20	25	30	35	40	45	50
0	0.0	1.0	1.5	2.0	2.5	3.0	3.5	4.0	4.5	5.0
10	1.0	2.0	2.5	3.0	3.5	4.0	4.5	5.0	5.5	6.0
15	3.0	4.0	4.5	5.0	5.5	6.0	6.5	7.0	7.5	8.0
20	6.0	7.0	7.5	8.0	8.5	9.0	9.5	10.0	10.5	11.0
25	10.0	11.0	11.5	12.0	12.5	13.0	13.5	14.0	14.5	15.0
30	15.0	16.0	16.5	17.0	17.5	18.0	18.5	19.0	19.5	20.0
35	21.0	22.5	22.5	23.0	23.5	24.0	24.5	25.0	25.5	26.0
40	28.0	29.5	29.5	30.0	30.5	31.0	31.5	32.0	32.5	33.0

注：本表 *m* 值的列表计算公式为《建筑基坑支护技术规程》JGJ 120—2012 给出的公式（4.1.6），其中构件在基坑底处的水平位移量采用了 10mm。

《建筑桩基技术规范》JGJ 94—2008 给出的 *m* 经验值见表2。

地基土水平抗力系数的比例系数 *m* 值 表2

序号	地基土类别	预制桩、钢桩		灌注桩	
		m（MN/m⁴）	相应单桩在地面处水平位移(mm)	*m*（MN/m⁴）	相应单桩在地面处水平位移(mm)
1	淤泥；淤泥质土，饱和湿陷性黄土	2～4.5	10	2.5～6	6～12
2	流塑（$I_L > 1$），软塑（$0.75 < I_L \leqslant 1$）状黏性土；$e > 0.9$ 粉土；松散粉细砂；松散、稍密填土	4.5～6.0	10	6～14	4～8
3	可塑（$0.25 < I_L \leqslant 0.75$）状黏性土、湿陷性黄土；$e = 0.75 \sim 0.9$ 粉土；中密填土；稍密细砂	6.0～10	10	14～35	3～6
4	硬塑（$0 < I_L \leqslant 0.25$）、坚硬（$I_L \leqslant 0$）状黏性土、湿陷性黄土；$e < 0.75$ 粉土；中密的中粗砂；密实老填土	10～22	10	35～100	2～5
5	中密、密实的砾砂碎石类土	—		100～300	1.5～3

注：本表引自刘金砺，高文生，邱明兵编著《建筑桩基技术规范应用手册》，2010。

关于建筑桩基规范 *m* 值的经验统计，文献［3］表述如下：

m 值对于同一根桩并非定值，与荷载呈非线性关系，低荷载水平下，*m* 值较高；随荷载增加、桩侧土的塑性区逐渐扩展 *m* 值降低。因此，*m* 取值应与实际荷载、允许位移相适应。根据公式求低配筋率桩的 *m*，应取临界荷载 H_{cr} 及对应位移 x_{cr}，则改写为：

$$m = \frac{\left(\frac{H_{cr}}{x_{cr}} \nu_x\right)^{\frac{5}{3}}}{b_0 (EI)^{\frac{2}{3}}} \qquad (3)$$

式中，ν_x 按规范确定。

对于配筋率较高的预制桩和钢桩，则应取允许位移（6mm 或 10mm）及其对应的荷载按式（3）计算 *m*。

根据所收集到的具有完整资料参加统计的试桩，灌注桩 114 根，相应桩径 $d = 300 \sim 1000$mm，其中 $d = 300 \sim 600$mm 占 60%；预制桩 85 根。统计前，将水平承载力主要影响

深度 $[2(d+1)]$ 内的土层划分为 5 类，然后分别计算 m 值。对各类土层的实测 m 值采用最小二乘法统计，取 m 值置信区间按可靠度大于 95%，即 $m=\bar{m}-19.6\sigma_m$，σ_m 为均方差，统计经验值 m 值见表 3。表 3 中预制桩、钢桩的 m 值系根据水平位移为 10mm 时求得，故当其位移小于 10mm 时，m 应予适当提高；对于灌注桩，当水平位移大于表列值时，则应将 m 值适当降低。当水平荷载为长期或经常出现的荷载时，应将表列数值乘以 0.4 降低采用。

桩顶（身）最大弯矩系数 v_m 和桩顶水平位移系数 v_x 表 3

桩顶约束情况	桩的换算埋深（αh）	v_m	v_x
铰接、自由	4.0	0.768	2.441
	3.5	0.750	2.502
	3.0	0.703	2.727
	2.8	0.675	2.905
	2.6	0.639	3.163
	2.4	0.601	3.526
固接	4.0	0.926	0.940
	3.5	0.934	0.970
	3.0	0.967	1.028
	2.8	0.990	1.055
	2.6	1.018	1.079
	2.4	1.045	1.095

注：1. 铰接（自由）的 v_m 系桩身的最大弯矩系数，固接的 v_m 系桩顶的最大弯矩系数；
    2. 当 $\alpha h > 4$ 时，取 $\alpha h = 0.4$。

3　分析和建议

基坑支护设计，m 值的选用是必须的，目前的岩土工程勘察工作一般情况下是不具备条件给出的，因此，m 值的选用需要采用经验值。

m 值的精准确定很复杂，工程上必须结合经验和规范综合确定。笔者建议，按照建筑基坑规范确定 m 值时，先按照《建筑基坑支护技术规程》式（4.1.6）计算确定，完成基坑支护设计计算后，按照基坑底处桩的水平位移值，反过来再进行 m 值的综合确定，继而进行基坑支护设计计算。这里，按照《建筑基坑支护技术规程》式（4.1.6）计算 m 值时，分母 v_b（水平位移量）按实际位移量采用。如此做法，个人认为比较切合实际。

按照建筑桩基规范选用 m 值时，注意结合基坑底处桩的实际水平位移值，对列表 m 值数据进行调整，具体调整计算可按 m 值和水平位移值成反比进行。

参考文献

[1]　中华人民共和国住房和城乡建设部. 建筑基坑支护技术规程：JGJ 120—2012 [S]. 北京：中国建筑工业出版社，2012.
[2]　中华人民共和国住房和城乡建设部. 建筑桩基技术规范：JGJ 94—2008 [S]. 北京：中国建筑工业出

版社，2008.

[3] 刘金砺，高文生，邱明兵. 建筑桩基技术规范应用手册 [M]. 北京：中国建筑工业出版社，2010.

[4] 王长科. 地基土水平反力系数的比例系数 m 值的室内固结试验测定法 [EB/OL]. 岩土工程学习与探索，2018-08-08.

自然界边坡失稳的三维合理性分析和设计建议

【摘　要】　边坡稳定分析通常按平面问题分析，取单位宽度进行受力分析，计算边坡稳定系数。现实中滑坡体常出现斜向上发展的后缘，造成滑坡后壁宽度大于滑坡体，此时按平面假定计算的下滑力要小于实际下滑力，延伸为三维问题。建议在考虑边坡变形下滑问题时，按照 $45°+\varphi/2$ 角度，沿滑体轮廓确定裂缝斜度和深度，把蘑菇状的滑体重量及其上覆荷载考虑进来，再按平面问题考虑，分析边坡稳定性。

1　前言

在岩土工程实践中，对边坡稳定分析、边坡加固、滑坡治理、基坑支护，从经典设计计算方法上看，基本都是按二维平面问题对待。普遍认为，按二维平面问题分析计算，与三维相比，是偏于保守安全的。也就是说，考虑三维边界条件，边坡稳定是更加有利的。

从实际发生的边坡失稳、滑坡、基坑破坏来看，三维破坏是多数情况（图1）。这说明，边坡稳定分析按二维平面问题考虑设计，是需要工程师思考的。

图1　边坡失稳

2　边坡稳定二维平面分析原理

当前边坡稳定分析最经典的方法就是按平面问题考虑，确定滑动面，并沿滑动面竖向

本文原载微信公众平台《岩土工程学习与探索》2019年10月24日，作者：王长科

划分出若干岩土条块，计算岩土自重及其上覆荷载，进而计算抗滑力和抗滑力矩、下滑力和下滑力矩，从而分析边坡下滑的安全度。计算模型如图2所示。

3 自然界边坡失稳实际情况分析

从实际发生的各类边坡失稳结果看，滑坡发生前，先出现圈椅型裂缝，裂缝呈垂向或斜向。多数滑体像蘑菇一样，滑动体表面竖向投影轮廓大于滑动面竖向投影轮廓。边坡失稳是先变形，再出现裂缝，最终滑坡。各类边坡失稳的这三个阶段表现的不尽相同，时间上有快的也有慢的，迹象上有明显的也有不明显的。如图3所示。

裂缝呈垂向的滑体，滑动面竖向投影轮廓和滑体表面的竖向投影相一致，这种情况按平面问题考虑是可以的。

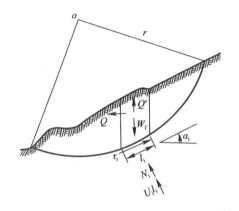 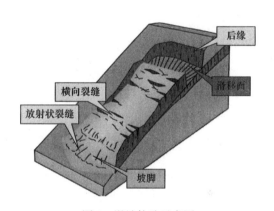

图2 边坡稳定计算模型   图3 滑坡构造示意图

裂缝呈斜向的滑坡，滑体呈蘑菇状，滑体表面大，滑动面小。这种情况下，按平面问题考虑进行稳定分析，按照沿滑动面划分的垂直土条计算出的滑体重量及上覆荷载的总和，会小于实际蘑菇状滑体的值，计算的下滑力小于实际下滑力，计算的抗滑力大于实际抗滑力，按平面问题考虑进行的边坡设计偏于危险。

抛开边坡不均匀、局部的地质条件薄弱环节，从这个角度看，自然界的边坡破坏，多数是三维的，在计算模型的建立上应有一定的考虑。

4 边坡稳定二维平面分析的修正建议

按照 $45°+\varphi/2$ 角度，沿滑体轮廓确定裂缝斜度和深度，把蘑菇状的滑体重量及其上覆荷载考虑进来，仍按平面问题考虑，计算土条下滑力和抗滑力，分析边坡稳定性。

5 结束语

本文从边坡失稳的现象观察上进行了三维破坏合理性分析，这只是复杂问题的简单分析方法，实际情况还不止如此。不妥之处，敬请指正。

明挖基坑内支撑支护设计实例

【摘　要】　近年来，各地开始城市轨道交通建设，超深基坑、超大基坑层出不穷。在石家庄地区，地铁基坑的深度一般在15～25m，基坑深度较深，属于危险性较大工程。本文结合石家庄地铁2号线南位站深基坑工程支护方案设计，系统介绍设计过程，并提出合理的施工方案，通过现场监测数据表明设计方案合理。

1　工程概况

南位站位于石家庄市胜利南大街与规划建华西路交叉口，沿胜利南大街南北向布置。车站中心里程为YK23＋273.164，结构总长232.0m，车站为地下双层三跨框架式结构，11.0m岛式站台，标准段基坑宽度20.3m，底板平均埋深约18.0m；盾构端头井段基坑宽度24.0m，底板平均埋深约19.5m；车站附属结构设有四个出入口（A口为预留）及两个风道。南位站明挖基坑西侧紧邻石南货运铁路，主体基坑围护桩外边缘距铁路碎石路基坡脚线最近距离13.4m，基坑平面图如图1所示。

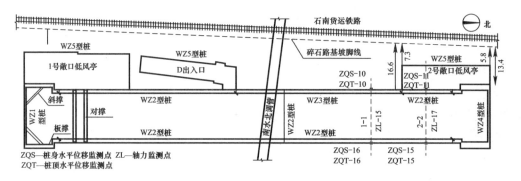

图1　基坑平面图

由于南水北调管的使用要求，车站主体采用明挖顺作法倒边施工，一期施工里程YK23＋262.364以北车站大里程基坑，待主体结构浇筑完毕并达到设计强度后，进行二期小里程基坑施工。施工范围内平均地面标高按66.400m计，车站顶板覆土平均3.9m，采用钻孔灌注桩加内支撑的支护形式（图2）。车站主体结构施工完成后再开挖风道和出入口范围内的土方；因邻近铁路，先施工邻铁侧附属结构围护桩，作为隔离措施对铁路进行保护。

本文原载《河北省水利电力学院学报》2020年第1期，作者：王长科、杨金雷、武文娟、孙会哲、宋杨、孟思宇

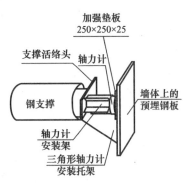

图 2　南位站内支撑现场照片与轴力计安装示意图

2　工程地质与水文地质

本站施工范围内土层分布较为稳定，自上而下依次为第四系全新统人工堆积层（Q^{ml}）、第四系新近沉积层（Q_4^{2al}）、第四系全新统冲洪积层（Q_4^{al+pl}）及第四系上更新统冲洪积层（Q_3^{al+pl}）四大层。车站穿越地层主要为杂填土、素填土、黄土状粉质黏土、黄土状粉土、粉细砂、中粗砂，车站结构底板坐落于粉质黏土层上，根据勘察报告，岩土力学性质统计表见表1。

岩土力学性质统计表　　　　　　　　　　　　　　　表 1

土层编号	土层名称	天然密度（g/cm³）	黏聚力建议值（kPa）	摩擦角建议值（°）	天然含水量（%）
①₁	杂填土	1.65	0	6.0	—
①₂	素填土	1.90	8.0	10.0	—
②₁	黄土状粉质黏土	1.96	29.0	22.0	19.2
③₁	黄土状粉质黏土	1.99	32.0	21.6	20.3
③₂	黄土状粉土	1.81	15.0	29.2	15.6
④₁	粉细砂	1.90	0	29.6	—
⑤₁	粉质黏土	2.10	25.0	17.8	20.5
⑥₁	细中砂	2.00	0	31.2	—
⑥₂	中粗砂含卵石	2.10	0	35.0	—

水位埋深一般在 45.0m 左右，位于结构底板 10.0m 以下，车站场地范围内，潜水对混凝土结构具微腐蚀性；在长期浸水条件下对钢筋混凝土中的钢筋具微腐蚀性，在干湿交替环境下对钢筋混凝土中的钢筋具微腐蚀性。

3　基坑支护设计方案

本站基坑支护结构采用钻孔灌注桩加内支撑支护体系，施工荷载标准段按均布20.0kPa 考虑，盾构段按均布 30.0kPa 考虑，铁路荷载按 116.0kPa 考虑；考虑石南货运铁路的影响，第一道支撑采用钢筋混凝土支撑，支撑水平间距不大于 9.0m，并对邻铁一侧围护结构进行了加强，标准段围护桩（WZ2）采用ϕ800@1200，标准段直接邻铁侧围护桩（WZ3）采用ϕ1000@1400，盾构段围护桩（WZ1、WZ4）采用ϕ800@1000，邻铁侧附属围护桩（WZ5）采用ϕ1250@1500，主体围护桩主筋采用分段配筋的方式；第二、三道支撑采用钢管支撑（ϕ630，$t=16\text{mm}$ 钢管），支撑水平间距不大于 3.0m；钢围檩采用 2 I 45b 组合钢结构，围护桩详细参数列于表 2。

围护桩参数表

表 2

桩型	桩径(mm)	主筋(分段配筋)	螺旋箍筋	桩长(m)
WZ1	800@1000	11ϕ28/22ϕ28/11ϕ28	ϕ12@120	2.0/20.5/2.18
WZ2	800@1200	12ϕ25/24ϕ25/12ϕ25	ϕ12@150	2.0/18.0/2.74
WZ3	1000@1400	12ϕ25/24ϕ25/12ϕ25	ϕ12@200	2.0/22.0/3.04
WZ4	800@1000	11ϕ28/22ϕ28/11ϕ28	ϕ12@120	2.0/20.5/2.28
WZ5	1250@1500	20ϕ25	ϕ10@140	15.55

在主体土方开挖前先施工邻铁侧附属结构围护桩，作为隔离措施对铁路进行保护，典型支护剖面如图 3、图 4 所示。

1-1 测试断面基坑挖深约 18.0m，邻铁侧主体围护桩距铁路路基坡脚线 17.1m，邻铁侧为 WZ3 型围护桩 ϕ1000@1400，嵌固深度 11.7m，非邻铁侧为 WZ2 型围护桩 ϕ800@1200，嵌固深度 7.4m。

2-2 测试断面（有隔离桩）基坑挖深约 18.0m，邻铁侧主体围护桩距铁路路基坡脚线 16.32m，邻铁侧为 WZ2 型围护桩 ϕ800@1200，嵌固深度 7.4m，主体基坑开挖前已施工邻铁侧附属围护结构围护桩，作为隔离措施对铁路进行保护，隔离桩为 WZ5 型桩 ϕ1250@1500，嵌固深度 7.0m，非邻铁侧为 WZ2 型围护桩 ϕ800@1200，嵌固深度 7.4m。

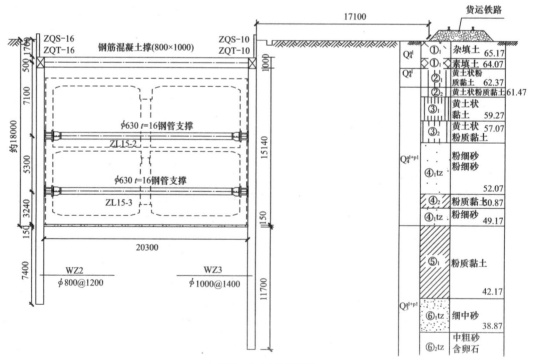

图 3　1-1 测试断面

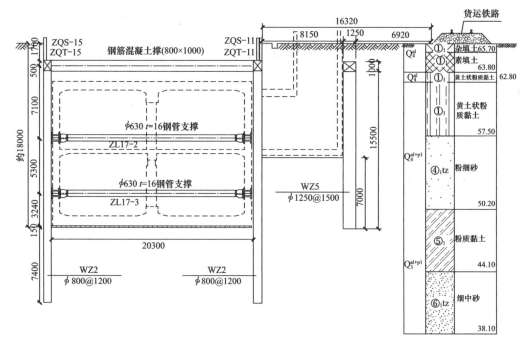

图4 2-2测试断面

图5为附属风道内支撑支护剖面。由于结构防水的要求，需先破除主体围护桩，考虑附属结构基坑开挖后第一道支撑的位置选择，采取了附属结构顶板降板的技术手段，附属结构顶板低于主体结构顶板1.0m，预留了第一道支撑的作用位置。

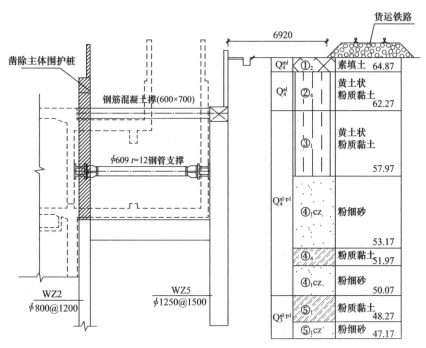

图5 附属风道支护剖面

主体基坑开挖工况列于表3。

主体基坑开挖工况表　　　　　　　　　　　　　　　　　　　　表3

工况号	工况类型	深度（m）
1	开挖/加撑1	2.2
2	开挖/加撑2	9.9
3	开挖/加撑3	15.2
4	开挖到底	18.0/19.0
5	刚性铰/拆撑3	17.5
6	刚性铰/拆撑2	10.7
7	刚性铰/拆撑1	4.3

各桩型所在剖面基坑稳定性验算结果如表4所示。

安全系数计算结果　　　　　　　　　　　　　　　　　　　　表4

桩型	整体稳定性	抗倾覆稳定性		抗隆起稳定性
		对支护底取矩	踢脚破坏	
WZ1	2.117	2.015	1.453	5.628
WZ2	1.849	1.737	1.253	6.071
WZ3	2.387	1.850	2.720	12.564
WZ4	2.131	2.159	1.335	5.757
WZ5	2.207	2.684	1.303	2.347

4　现场监测分析

（1）桩身水平位移分析

1-1测试断面测点ZQT10为直接邻铁侧，主体围护桩与铁路之间无隔离桩，该测试断面桩身水平位移表现出了明显的偏压荷载作用下的变形特征。在铁路荷载的作用下，邻铁侧围护桩（ZQT10）向基坑内侧偏移，非邻铁侧围护桩（ZQT16）向基坑外侧偏移；桩身水平位移最大值均发生在桩顶附近，邻铁侧（ZQT10）处为5.62mm（向坑内偏移），非邻铁侧（ZQT16）处为-2.32mm（向坑外偏移）。

2-2测试断面测点ZQT11为邻铁侧，在车站主体基坑土方开挖前先施工附属2号风亭基坑的围护桩作为隔离措施，由于附属围护桩的隔离作用，该测试断面围护桩桩身水平位移变形曲线与1-1测试断面的变形曲线存在很大差异。

邻铁侧围护桩（ZQT11）桩身水平位移呈"弓"字形分布特点，非邻铁侧围护桩（ZQT15）桩身水平位移呈抛物线型分布特点。邻铁侧（ZQT11）桩身水平位移最大值4.85mm（向坑内偏移），发生在桩顶附近，当主体基坑开挖至工况3时，嵌固段桩身水平位移开始向坑外偏移，偏移最大值为-2.75mm；非邻铁侧（ZQT15）桩身水平位移最大值3.58mm（向坑内偏移），发生在桩顶下10.0m位置。

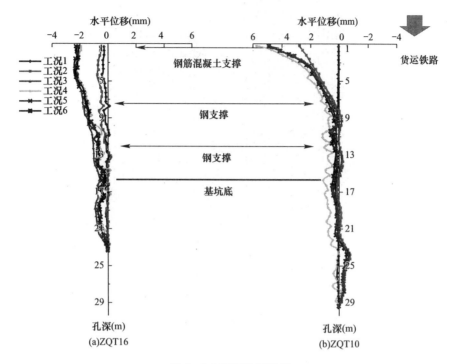

图 6　1-1 剖面监测结果

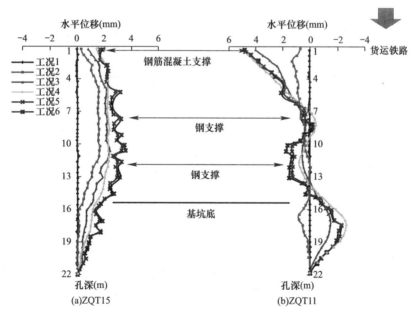

图 7　2-2 剖面监测结果

图 8 为理正深基坑计算软件计算所得的 WZ2 型、WZ3 型围护桩桩身水平位移包络图，通过与实测位移对比可以看出：实测位移值均小于计算值；由于基坑西侧偏压荷载铁路的作用，对邻铁侧围护桩进行了加强，实测桩身水平位移曲线表现出了多种变形特征。

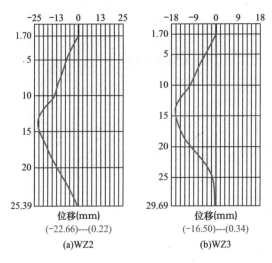

(a)WZ2   (b)WZ3

图8　桩身水平位移包络图

（2）桩顶水平位移分析

从桩顶水平位移时程曲线（图9）可以看出：邻铁侧桩顶水平位移多表现出向坑内偏移的特点，无隔离桩1-1测试断面邻铁侧桩顶水平位移（ZQS10）向坑内偏移量最大，位

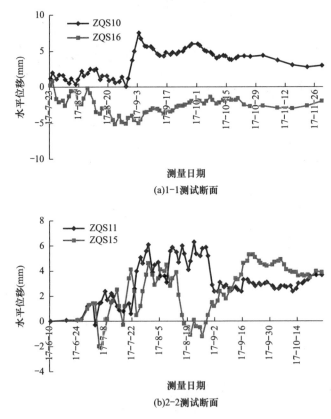

(a)1-1测试断面

(b)2-2测试断面

图9　桩顶水平位移时程曲线
"－"表示向基坑外偏移，"＋"表示向基坑内偏移

移值为7.5mm；无隔离桩1-1测试断面非邻铁侧桩顶水平位移（ZQS16）向坑外偏移，位移最大值为−5.2mm；有隔离桩2-2测试断面非邻铁侧桩顶水平位移随着基坑开挖与支护的交替进行，表现出向坑内与坑外反复摆动的特点。

（3）钢支撑轴力分析

图10为钢支撑轴力变化散点图，从钢支撑轴力变化散点图可以看出：1-1测试断面（无隔离桩）第二道钢支撑轴力变化范围为50.8～212.8kN，第三道钢支撑轴力变化范围为136.7～304.0kN，第三道支撑轴力普遍大于第二道；2-2测试断面（有隔离桩）第二道钢支撑轴力变化范围为106.5～380.5kN，第三道钢支撑轴力变化范围为10.7～104.8kN，第二道支撑轴力普遍大于第三道。

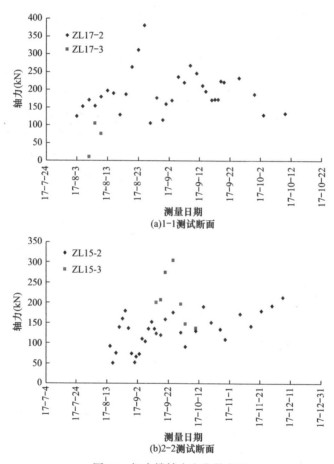

图10 钢支撑轴力变化散点图

钢支撑计算轴力表   表5

编号	第二道钢支撑		第三道钢支撑	
	设计值(kN)	预加力(kN)	设计值(kN)	预加力(kN)
ZL-15	2104.8	300.0	1858.2	400.0
ZL-17	2005.6	300.0	1857.8	400.0

通过对1-1、2-2断面监测值与实测值的对比可以看出：钢支撑轴力实测值远小于设计

计算值。

5 小结

针对南位站西侧紧邻石南货运铁路的工程特点，本次内支撑支护设计方案采取了如下措施：

（1）第一道支撑采用钢筋混凝土支撑（800mm×1000mm），增强了整个支撑体系的整体性。

（2）对直接邻铁一侧围护结构进行加强，围护桩（WZ3）采用ϕ1000@1400，嵌固深度11.7m；对于主体基坑与石南货运铁路之间存在附属结构的位置，在主体土方开挖前，先施工附属侧围护桩（WZ5），作为隔离措施对铁路进行保护。

（3）主体结构设计时考虑了附属结构基坑开挖后第一道支撑的位置选择，采取了附属结构顶板降板的措施，使附属结构顶板低于主体结构顶板1.0m，预留了第一道支撑的位置。

本工程于2016年4月开始进行设计，2016年10月完成主体围护结构施工图，截至2018年12月，车站主体结构已全部封顶。邻铁侧附属结构围护桩的先期施工改变了货运铁路对主体围护桩作用的载荷传递模式，有隔离桩存在的支护断面没有出现明显的偏压变形特征，并且进一步控制住了围护桩的水平位移，改变了支撑轴力的分布特点。

现场监测结果表明内支撑支护设计方案较合理，保证了基坑的整体稳定和石南货运铁路的安全运行，实测围护桩水平位移与钢支撑轴力均小于计算值。

参考文献

[1] 王长科. 工程建设中的土力学及岩土工程问题——王长科论文选集［M］. 北京：中国建筑工业出版社，2018.

[2] 刘国彬，王卫东. 基坑工程手册［M］. 第2版. 北京：中国建筑工业出版社，2009.

[3] 石家庄市城市轨道交通2号线一期工程南位站（主体结构）岩土工程勘察报告（报告编号：2016勘察BBK-DT2-03）［R］. 石家庄：中国兵器工业北方勘察设计研究院有限公司，2016.

[4] 中华人民共和国住房和城乡建设部. 建筑基坑支护技术规程：JGJ 120—2012［S］. 北京：中国建筑工业出版社，2012.

第五篇
岩土地震工程

从名词术语看岩土地震工程的研究内容

【摘　要】　分述名词术语，梳理岩土地震工程的研究内容。

1　前言

地震工程，是为防御地震突然袭击可能引起的各种灾害而采取有效措施的一门工程科学；以地震学和地质学为基础，主要研究地震时地面运动特征以及建筑物的破坏形式的一门工程科学。作为工程建设参与者的我们，认真研究地震的机理、机制，特别是在岩土工程中的地震作用是十分必要的。

岩土地震工程，是研究地震作用下岩土的反应机制与工程性质，以及地基基础、基坑及地下空间工程、边坡及土工建筑物等岩土工程的地震效应及其工程抗震技术的一门学科。

地震因其震后的灾难性、工程应对经验的缺乏性，使得地震效应的勘察评价技术和工程防灾减灾应对技术，虽然取得了不少成果，但仍然属于处于需要进一步加强研究和积累经验的阶段。岩土地震工程，除应从事岩土工程和各行业土木工程的技术人员研究外，投资、建设、规划、勘察、设计、施工等工作者都应予以关注和重视。

本文从综述名词术语的角度，对工程上的岩土地震工程研究内容，进行系统梳理，以期方便相关人员了解和查看。

2　岩土地震工程中的部分名词术语

（1）地震和地震动：地震俗称地动，是地壳快速释放能量过程中造成的振动现象，期间产生地震波可引起地面和工程设施破坏。地震一词更多地指突如其来的大地抖颤的自然现象。地震动，指地震引起的地表振动，一般通过记录地面运动的加速度来了解地震动的特征，并可进一步得到地面运动的速度与位移。

地震动三要素：峰值（最大振幅，又称地震动强度，如峰值加速度、峰值速度、峰值位移）、频谱和持续时间。工程结构的地震破坏，与地震动三要素密切相关。

地震分类词汇有：

弱震：震级小于 3 级的地震。

有感地震：震级大于或等于 3 级，小于或等于 4.5 级的地震。

中强震：震级大于 4.5 级，小于 6 级的地震。

本文原载微信公众平台《岩土工程学习与探索》2018 年 8 月 22 日，作者：王长科

强震：震级等于或大于 6 级的地震，其中震级大于或等于 8 级的叫巨大地震。

构造地震：由于岩层断裂，发生变位错动，在地质构造上发生巨大变化而产生的地震，也叫断裂地震。

火山地震：由火山爆发时所引起的能量冲击，而产生的地壳振动。火山地震有时也相当强烈。但这种地震所波及的地区通常只限于火山附近几十公里的范围内，而且发生次数也较少，只占地震次数的 7% 左右，所造成的危害较轻。

陷落地震：由于地层陷落引起的地震。这种地震发生的次数更少，只占地震总次数的 3% 左右，震级很小，影响范围有限，破坏也较小。

诱发地震：在特定的地区因某种地壳外界因素诱发（如陨石坠落、水库蓄水、深井注水）而引起的地震。

人工地震：是由人为活动引起的地震。如工业爆破、地下核爆炸造成的振动；在深井中进行高压注水以及大水库蓄水后增加了地壳的压力，有时也会诱发地震。

浅源地震：震源深度小于 60km 的地震，大多数破坏性地震是浅源地震。

中源地震：震源深度为 60～300km 的地震。

深源地震：震源深度在 300km 以上的地震，到目前为止，世界上纪录到的最深地震的震源深度为 786km。

一年中，全球所有地震释放的能量约有 85% 来自浅源地震，12% 来自中源地震，3% 来自深源地震。

地方震：震中距小于 100km 的地震。

近震：震中距为 100～1000km 的地震。

远震：震中距大于 1000km 的地震。

（2）震级：是指地震大小，通常用字母 M 表示。地震愈大，震级数字也愈大，世界上最大的震级为 9.5 级。它是根据地震波记录测定的一个没有量纲的数值，用来在一定范围内表示各个地震的相对大小（强度）。

震级与地震烈度的概念不同。震级代表地震本身的强弱，只与震源发出的地震波能量有关。而地震烈度则表示地震波及的各个地点所造成的影响程度，与震级、震源深度、震中距、方位角、地质构造以及岩土的工程性质等许多因素有关。震级是衡量地震释放能量大小的一个指标。震级大的地震，释放的能量多；震级小的地震，释放的能量少。中国一般采用里氏震级。通常小于 2.5 级的地震称为小地震，2.5～4.7 级的地震称为有感地震。震级每相差 1.0 级，能量相差大约 30 倍，见表 1。

里氏震级实例　　　　　　　　　　　　　　　　　　　　　　　　　表 1

里氏	大致相应 TNT 当量	实例
0.5	85g	
1.0	0.477kg	
1.5	2.7kg	
2.0	15kg	
2.5	85kg	
3.0	477kg	
3.5	2.7t	

里氏	大致相应 TNT 当量	实例
4.0	15t	
4.5	85t	
5.0	477t	
5.5	2700t	1992 年美国内华达州 Little skull Mtn. 地震
6.0	15 万 t	1994 年美国内华达州 Double Spring Flat 地震，美国在二战结束前向日本广岛、长崎投放的原子弹（投放后日本无条件投降）
6.5	8.5 万 t	1994 年的 Northridge 地震
7.0	47 万 t	世界上最大型的原子弹（苏联曾试爆 5000 万吨级别的氢弹）
7.5	190 万 t	1992 年美国加利福尼亚 Landers 地震
8.0	1500 万 t	1976 年中国唐山大地震（7.8 级）、2008 年汶川大地震（8.0 级）
8.5	8500 万 t	1964 年美国阿拉斯加安克雷奇地震
9.0	4.7 亿 t	1960 年智利大地震（9.5 级，为人类观测史上最强震级）、2004 年印度洋大地震（9.0 级）、2011 年日本大地震（9.0 级）。以上三次强震均引发了巨大海啸，造成了重大人员伤亡和财产损失
10.0	150 亿 t	约相当于一个直径 100km 的石质陨石以 25km/s 的速度撞击地球时所产生的能量

（3）地震烈度：指一个具有相似地震反应的区域地震影响程度。详见《中国地震烈度表》GB/T 17742—2020。

（4）建筑抗震设防目标：指建筑结构遭遇不同水准的地震影响时，对结构、构件、使用功能、设备的损坏程度及人身安全的总要求。

建筑设防目标要求建筑物在使用期间，对不同频率和强度的地震，应具有不同的抵抗能力。《建筑抗震设计规范》GB 50011—2010 根据抗震目标与三种烈度的对应关系，分为三个水准。

第一水准：当遭受低于本地区抗震设防烈度的多遇地震（或称小震）影响时，建筑物一般不受损坏或不需修理仍可继续使用。

第二水准：当遭受本地区规定设防烈度的地震（或称中震）影响时，建筑物可能产生一定的损坏，经一般修理或不需修理仍可继续使用。

第三水准：当遭受高于本地区规定设防烈度的预估的罕遇地震（或称大震）影响时，建筑可能产生重大破坏，但不致倒塌或发生危及生命的严重破坏。

通常将其概括为："小震不坏，中震可修、大震不倒"。

（5）建筑工程抗震设防类别（引自《建筑工程抗震设防分类标准》GB 50223—2008）：

① 特殊设防类：指使用上有特殊设施，涉及国家公共安全的重大建筑工程和地震时可能发生严重次生灾害等特别重大灾害后果，需要进行特殊设防的建筑简称甲类。

② 重点设防类：指地震时使用功能不能中断或需尽快恢复的生命线相关建筑，以及地震时可能导致大量人员伤亡等重大灾害后果，需要提高设防标准的建筑简称乙类。

③ 标准设防类：指大量的除第 1、2、4 款以外按标准要求进行设防的建筑。简称丙类。

④ 适度设防类：指使用上人员稀少且震损不致产生次生灾害，允许在一定条件下适度降低要求的建筑。简称丁类。

（6）抗震设防标准要求：

① 标准设防类，应按本地区抗震设防烈度确定其抗震措施和地震作用，达到在遭遇高于当地抗震设防烈度的预估罕遇地震影响时不致倒塌或发生危及生命安全的严重破坏的抗震设防目标。

② 重点设防类，应按高于本地区抗震设防烈度一度的要求加强其抗震措施；但抗震设防烈度为 9 度时应按比 9 度更高的要求采取抗震措施；地基基础的抗震措施，应符合有关规定。同时，应按本地区抗震设防烈度确定其地震作用。

③ 特殊设防类，应按高于本地区抗震设防烈度提高一度的要求加强其抗震措施；但抗震设防烈度为 9 度时应按比 9 度更高的要求采取抗震措施。同时，应按批准的地震安全性评价的结果且高于本地区抗震设防烈度的要求确定其地震作用。

④ 适度设防类，允许比本地区抗震设防烈度的要求适当降低其抗震措施，但抗震设防烈度为 6 度时不应降低。一般情况下，仍应按本地区抗震设防烈度确定其地震作用。

注：对于划为重点设防类而规模很小的工业建筑，当改用抗震性能较好的材料且符合抗震设计规范对结构体系的要求时，允许按标准设防类设防。

（7）基本烈度：一个地区在今后一定时期内，相应于一般场地条件下，可能遭受的最大地震烈度。今后一定时期，是指自基本烈度颁布时起，往后的一段时期，一般取无特殊规定或要求的建筑物的使用年限（如 50 年、100 年等）。一般场地条件是指标准地基岩土条件、一般地形、地貌、构造、水文地质等条件。一般取颁布基本烈度 50 年内，相应于一般场地条件下，可能遭受超越概率 10％的烈度值。

（8）抗震设防烈度：工程设计上按国家规定权限批准的作为一个地区抗震设防的地震烈度。一般情况下，采用地震基本烈度。

（9）超限高层建筑：指高度、规则性和屋盖超过了建筑抗震设计规范的规定的高层建筑。详见微信公众平台《岩土工程学习与探索》（2018-7-15）的文章"超限高层建筑岩土工程勘察需要重视的几个问题"。

（10）基本地震动：相应于 50 年超越概率为 10％的地震动；超越概率：某场地遭遇大于或等于给定的地震动参数值的概率。

（11）多遇地震动：相应于 50 年超越概率为 63％的地震动。

（12）罕遇地震动：相应于 50 年超越概率为 2％的地震动。

（13）极罕遇地震动：相应于 50 年超越概率为 10 的负 4 次方的地震动。

（14）地震动参数：地震参数（加速度、速度、位移）时程曲线、加速度反应谱和峰值加速度。

时程曲线：地震加速度、速度、位移等地震参数随时间的变化曲线，包括地震参数记录时程曲线和人工地震参数时程曲线，如：地震加速度时程曲线。

地震动参数区划图：以地震动参数（主要依据加速度）为指标，将全国划分为不同抗震设防要求的区划图件。见《中国地震动参数区划图》GB 18306—2015。

（15）设计基本地震加速度：设计基本地震加速度是《建筑抗震设计规范》GB 50011—2010（2016 年版）术语，指 50 年设计基准期超越概率 10％的地震加速度设计取值。

地震动峰值加速度：地震动峰值加速度是《中国地震动参数区划图》GB 18306—2015术语，表征地震作用强弱的指标，对应于规准化地震动加速度反应谱最大值的水平加速度。

设计基本地震加速度值和地震动峰值加速度，分属不同规范术语，设计基本地震加速度值和基本地震动峰值加速度相当。《地震动参数区划图》提供了Ⅱ类场地50年超越概率为10％的基本地震动峰值加速度。

《建筑抗震设计规范》GB 50011—2010（2016年版）提供的设计基本地震加速度值见表2。

抗震设防烈度和设计基本地震加速度的对应关系 表2

抗震设防烈度	6	7	8	9
设计基本地震加速度值	0.05g	0.10(0.15)g	0.20(0.30)g	0.40g

注：g为重力加速度。

（16）设计地震分组：《建筑抗震设计规范》GB 50011—2010（2016年版）术语，用来表征地震震级及震中距影响的一个参量。在宏观烈度大体相同条件下，由于其与震中距离的远近不同，建筑物的刚度不同，则震害程度明显不同，如处于大震级远离震中的高耸建筑物的震害比中小级震级近震中距的情况严重得多。为反映这种情况，设计地震分组共分3组，用以体现震级和震中距的影响。我国主要城镇的设计特征周期应根据其所在地的设计地震分组和场地类别确定。第一、第二分组大概相当"设计近震"，第三分组大概相当于"设计远震"。

（17）地震动反应谱：地震动参数（加速度、速度和位移）和工程结构的自振特征（自振周期或频率和阻尼比）之间的函数关系。

《建筑抗震设计规范》GB 50011—2010（2016年版）的地震影响系数曲线α-T关系，如图1所示。

注：水平地震加速度＝地震影响系数α·重力加速度g。

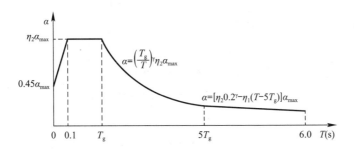

图1 地震影响系数曲线

α—地震影响系数；α_{max}—地震影响系数最大值；η_1—直线下降段的下降斜率调整系数；

γ—衰减指数；T_g—特征周期；η_2—阻尼调整系数；T—结构自振周期

（18）特征周期T_g：地震动加速度反应谱特征周期的简称，指标准化地震动加速度反应谱曲线下降点所对应的周期。《建筑抗震设计规范》GB 50011—2010（2016年版）给出的特征周期值，见表3。

特征周期值(s)　　　　　　　　　　　　　　　　　　　　　表 3

设计地震分组	场地类别				
	I₀	I₁	II	III	IV
第一组	0.20	0.25	0.35	0.45	0.65
第二组	0.25	0.30	0.40	0.55	0.75
第三组	0.30	0.35	0.45	0.65	0.90

（19）卓越周期 T_s：地震时，从震源发出的地震波在土层中传播时，经过不同性质地质界面的多次反射，将出现不同周期的地震波。若某一周期的地震波与地基土层固有周期相近，由于共振的作用，这种地震波的振幅将得到放大，此周期称为卓越周期。

卓越周期可按地震记录统计得到，稳定基岩，卓越周期是 0.1~0.2s，平均为 0.15s；一般土层，卓越周期为 0.21~0.4s，平均为 0.27s；软土层，卓越周期在一般土层和极软土层之间。极软土层，卓越周期为 0.3~0.7s，平均为 0.5s。

（20）场地脉动周期 T_m：利用微震对场地的脉动（也称常时微动）进行观测所得到的振动周期。测试应在环境十分安静的情况下进行，场地的震动类似人体的脉搏，所以称为"脉动"。场地脉动周期反映了微震动情况下场地的动力特征，与强地震作用下场地的动力特性既有关联，又不完全相同。

一般来说，场地脉动周期 T_m 最短，卓越周期 T_s 其次，特征周期 T_g 最长。

（21）场地：是指工程群体所在地，具有相似的反应谱特征，其范围相当于厂区、居民小区和自然村或不小于 1.0km² 的平面面积。

（22）地段：《建筑抗震设计规范》GB 50011—2010（2016 年版）规定，根据地震时可能会引起不同地震效应的地形地质条件，将建设场地划分为不同地段：有利地段、一般地段、不利地段、危险地段等四种地段，见表 4。

有利、一般、不利和危险地段的划分　　　　　　　　　　　表 4

地段类别	地质、地形、地貌
有利地段	稳定基岩，坚硬土，开阔、平坦、密实、均匀的中硬土等
一般地段	不属于有利、不利和危险的地段
不利地段	软弱土，液化土，条状突出的山嘴，高耸孤立的山丘，陡坡，陡坎，河岸和边坡的边缘，平面分布上成因、岩性、状态明显不均匀的土层（含古河道、疏松的断层破碎带、暗埋的塘浜沟谷和半填半挖地基），高含水量的可塑黄土，地表存在结构性裂缝等
危险地段	地震时可能发生滑坡、崩塌、地陷、地裂、泥石流等及发震断裂带上可能发生地表位错的部位

对危险地段，要避开；对不利地段要考虑地震加速度的放大效应。

（23）场地土类型：依据场地土传播剪切波速的能力大小进行岩土分类。《建筑抗震设计规范》GB 50011—2010（2016 年版）给出的不同类型场地土的剪切波速经验值见表 5。

土的类型划分和剪切波速范围　　　　　　　　　　　　　　表 5

土的类型	岩土名称和形状	土层剪切波速范围(m/s)
岩石	坚硬、较硬且完整的岩石	$v_s > 800$
坚硬土或软质岩石	破碎和较破碎的岩石或软和较软的岩石，密实的碎石土	$800 \geqslant v_s > 500$

土的类型	岩土名称和形状	土层剪切波速范围(m/s)
中硬土	中密、稍密的碎石土，密实、中密的砾、粗、中砂，$f_{ak}>150$ 的黏性土和粉土，坚硬黄土	$500\geqslant v_s>250$
中软土	稍密的砾、粗、中砂，除松散外的细、粉砂，$f_{ak}\leqslant150$ 的黏性土和粉土，$f_{ak}>130$ 的填土，可塑新黄土	$250\geqslant v_s>150$
软弱土	淤泥和淤泥质土，松散的砂，新近沉积的黏性土和粉土，$f_{ak}\leqslant130$ 的填土，流塑黄土	$v_s\leqslant150$

注：f_{ak} 为由载荷试验等方法得到的地基承载力特征值（kPa）；v_s 为岩土剪切波速。

（24）场地覆盖层厚度：指场地覆盖层厚度是指从地表到地下基岩面的距离。

① 一般情况下，应按地面至剪切波速大于 500m/s，且其下层各岩土的剪切波速均不小于 500m/s 的土层顶面的距离确定。

② 当地面 5m 以下存在剪切波速大于其上部各土层剪切波速 2.5 倍的土层，且该层及其下层各岩层的剪切波速均不小于 400m/s，可按地面至该土层中扣除。

③ 剪切波速大于 500m/s 的孤石、透镜体，应视同周围土层。

④ 土层中的火山岩硬夹层，应视为刚体，其厚度应从覆盖土层中扣除。

（25）土层等效剪切波速：地表到土层特定深度的剪切波速。按照《建筑抗震设计规范》GB 50011—2010（2016 年版），计算如下：

$$v_{se} = d_0/t \tag{1}$$

$$t = \sum_{i=1}^{n}(d_i/v_{si}) \tag{2}$$

式中，v_{se} 为土层剪切波速（m/s）；d_0 为计算深度（m），取覆盖层厚度和 20m 两者的较小值；t 为剪切波速在地面至计算深度之间的传播时间；d_i 为计算深度范围内第 i 层土层的厚度（m）；v_{si} 为计算深度范围内第 i 层土层的剪切波速（m/s）；n 为计算深度范围内土层的分层数。

（26）场地类别：依据土层剪切波速和场地覆盖层厚度划分，用于确定场地特征周期。《建筑抗震设计规范》GB 50011—2010（2016 年版）给定的划分标准如下：建筑的场地类别，应根据土层等效剪切波速和场地覆盖层厚度划分为四类，其中Ⅰ类分为Ⅰ₀、Ⅰ₁两个亚类。当有可靠的剪切波速和覆盖层厚度且其值处于表 6 所列场地类别的分界线附近时，应允许按插值方法确定地震作用计算所用的特征周期。

各类建筑场地的覆盖层厚度　　　　　　　　　　　　　　表 6

岩石的剪切波速或土的等效剪切波速(m/s)	场地类别				
	I_0	I_1	Ⅱ	Ⅲ	Ⅳ
$v_s>800$	0				
$800\geqslant v_s>500$		0			
$500\geqslant v_s>250$		<5	≥5		
$250\geqslant v_s>150$		<3	3~50	>50	
$v_s\leqslant150$		<3	3~15	15~80	>80

注：表中 v_s 系岩石的剪切波速。

（27）地基抗震承载力 f_{aE}：指地震荷载作用下的地基承载力。《建筑抗震设计规范》

GB 50011—2010（2016 年版）给出的计算方法，天然地基基础抗震验算时，应采用地震作用效应标准组合，且地基抗震承载力应取地基承载力特征值乘以地基抗震承载力调整系数计算。

地基抗震承载力应按下式计算：

$$f_{aE} = \zeta_a f_a \tag{3}$$

式中，f_{aE} 为调整后的地基抗震承载力；ζ_a 为地基抗震承载力调整系数；f_a 为深宽修正后的地基承载力特征值，应按现行国家标准《建筑地基基础设计规范》GB 50007 采用。

地基抗震承载力调整系数 表 7

岩土名称和性状	ζ_a
岩石，密实的碎石土，密实的砾、粗、中砂，$f_{ak} \geqslant 300\text{kPa}$ 的黏性土和粉土	1.5
中密、稍密的碎石土，中密和稍密的砾、粗、中砂，密实和中密的细、粉砂，$150\text{kPa} \leqslant f_{ak} \leqslant 300\text{kPa}$ 的黏性土和粉土，坚硬黄土	1.3
稍密的细、粉砂，$100\text{kPa} \leqslant f_{ak} \leqslant 150\text{kPa}$ 的黏性土和粉土，可塑黄土	1.1
淤泥，淤泥质土，松散的砂，杂填土，新近堆积黄土及流塑黄土	1.0

（28）地震液化：地震引发地基饱和砂土、饱和粉土瞬间液化，地基承载力降低甚至失稳，地面出现喷砂冒水的一种地震效应，详见《建筑抗震设计规范》GB 50011—2010（2016 年版）规定。

（29）钻孔液化指数：按照钻孔标准贯入试验锤击数计算的用于表征液化强度的一个参数。《建筑抗震设计规范》GB 50011—2010（2016 年版）规定对存在液化砂土层、粉土层的地基，应探明各液化土层的深度和厚度，按下式计算每个钻孔的液化指数，并按表 7 综合划分地基的液化等级：

$$I_{lE} = \sum_{i=1}^{n} \left[1 - \frac{N_i}{N_{cri}} \right] d_i W_i \tag{4}$$

式中，I_{lE} 为液化指数；n 为在判别深度范围内每一个钻孔标准贯入试验点的总数；N_i、N_{cri} 分别为 i 点标准贯入锤击数的实测值和临界值，当实测值大于临界值时应取临界值；当只需要判别 15m 范围以内的液化时，15m 以下的实测值可按临界值采用；d_i 为 i 点所代表的土层厚度（m），可采用与该标准贯入试验点相邻的上、下两标准贯入试验点深度差的一半，但上界不高于地下水位深度，下界不深于液化深度；W_i 为 i 土层单位土层厚度的层位影响权函数值（单位为 m^{-1}），当该层中点深度不大于 5m 时应采用 10，等于 20m 时应采用零值，5～20m 时应按线性内插法取值。

（30）液化等级：按照钻孔液化指数进行划分定性表征液化强度的等级。《建筑抗震设计规范》GB 50011—2010（2016 年版）规定，见表 8。

液化等级与液化指数的对应关系 表 8

液化等级	轻微	中等	严重
液化指数 I_{lE}	$0 < I_{lE} \leqslant 6$	$6 < I_{lE} \leqslant 18$	$I_{lE} > 18$

（31）抗液化措施：分类处理地震液化的措施。《建筑抗震设计规范》GB 50011—2010（2016 年版）规定，见表 9。

抗液化措施

表 9

建筑抗震设防类别	地基的液化等级		
	轻微	中等	严重
乙类	部分消除液化沉陷，或对基础和上部结构处理	全部消除液化沉陷，或部分消除液化沉陷且对基础和上部结构处理	全部消除液化沉陷
丙类	基础和上部结构处理，亦可不采取措施	基础和上部结构处理，或更高要求的措施	全部消除液化沉陷，或部分消除液化沉陷且对基础和上部结构处理
丁类	可不采取措施	可不采取措施	基础和上部结构处理，或其他经济的措施

参考文献

[1] 中华人民共和国住房和城乡建设部. 建筑抗震设计规范：GB 50011—2010（2016 年版）[S]. 北京：中国建筑工业出版社，2016.

[2] 王长科. 工程建设中的土力学及岩土工程问题——王长科论文选集 [M]. 北京：中国建筑工业出版社，2018.

[3] 王长科. 超限高层建筑岩土工程勘察需要重视的几个问题 [EB/OL]. 岩土工程学习与探索，2018-07-15.

[4] 百度百科.

建筑抗震不利地段的判别思考和建议

【摘　要】　针对建筑抗震地段的不利地段进行判别、分析，提出需进行的思考和建议。

1　前言

按照《建筑抗震设计规范》GB 50011—2010（2016 年版）的规定，选择建筑场地时，应当根据建设需要和场地地震地质资料、岩土工程勘察资料，对建筑抗震有利、一般、不利和危险地段进行综合判别，对于不利地段要避开，避不开的，要采取措施。对判别为危险地段的，不适宜进行工程建设。

在建筑抗震设计中，一个重要的问题就是确定建筑结构的地震影响系数，地震影响系数应当根据地区烈度、场地类别、设计地震分组、结构自振周期及其阻尼比确定。对于避不开的不利地段，按照规范的规定，应当根据其可能的地震放大不利影响，对地震影响乘以 1.1～1.6 的系数。

由此可见，进行岩土工程勘察时，对于不利地段的判别，除必须判断为不利地段外，进一步对其不利程度进行分析，是很重要的。

2　几点思考和建议

能定为不利地段的场地，是多种多样的。当前的山区建设中，大挖大填工程很多，因此，进行岩土工程勘察时，要特别注意区别天然地形地貌和建筑整平之后的地形地貌，以及二者带来的场地类别判别的差异。

对深埋建筑工程，以及深埋地下空间工程，要注意地震波传递给建筑工程的介质特性，比如，基础位于基岩上，这时的场地类别判别，尤其是判别为不利地段的，要考虑这个地震波传递的实际情况。

对存在可能放大地震作用的不利地段，除了按照规范计算地震影响的放大系数外，要综合评估其不利程度，综合确定，在 1.1～1.6 之间进行合理取值。

参考文献

[1]　王长科. 抗震设计中的场地类别划分有学问［EB/OL］. 岩土工程学习与探索，2017-12-04.

本文原载微信公众平台《岩土工程学习与探索》2018 年 7 月 13 日，作者：王长科

岩土波速一定要测准

【摘　要】　综述了波速基本概念，提出了波速属于岩土工程尤其是岩土地震工程的最重要参数，建议在遇到测试结果偏离场地经验时，要分析原因，平行测定、多方法测定，综合确定，为工程设计提供科学、精准数据。

1　前言

波速是指单位时间内一定的振动状态所传播的距离。对于单一频率的波，波速又称为相速。通常以 c 表示，国际单位是米/秒，符号为 m/s。依照波不同特征所定义而有不同的具体含义。单色波的波速 c 与波长 λ、波源振动频率 f 之间的关系为：

$$c = \lambda f \tag{1}$$

地震波属于弹性波，有三种类型：纵波、横波和面波。纵波是压缩波，称 P 波，传播速度最快，传播速度为 5.5～7.0km/s，最先到达震中，它使地面发生上下振动，破坏性较弱。横波是剪切波，称 S 波，传播速度为 3.2～4.0km/s，第二个到达震中，对地面破坏性较强。面波又称 L 波，是由纵波与横波在地表相遇后激发产生的混合波。其波长大、振幅强，只能沿地表面传播，是造成建筑物强烈破坏的主要因素。

对于岩土工程，波速，可用于划分抗震场地土类别、计算地基动弹性模量、动剪切模量和动泊松比、评价岩体完整性、计算场地卓越周期、判定砂土液化、确定地基承载力及检验地基加固效果等。

从上述可以看出，波速，属于岩土工程的最重要参数。但当前，岩土工程勘察对于波速的测定，重视不够，不同测试方法结果不同，同样测试方法不同单位测的结果不同，以至于，相同的场地，很可能出现相邻两栋建筑物的抗震场地类别确定的不同，比如一个是Ⅲ类，一个是Ⅱ类，以至于抗震设计相差甚远，应引起岩土工程测试工作者的重视，科学、精准地测定岩土介质的波速。

2　土的波速经验值

参照《建筑抗震设计规范》GB 50011—2010（2016 年版），见表 1。

土的类型划分和剪切波速范围　　　　　　　　表 1

土的类型	岩土名称和形状	土层剪切波速范围(m/s)
岩石	坚硬、较硬且完整的岩石	$v_s > 800$
坚硬土或软质岩石	破碎和较破碎的岩石或软和较软的岩石，密实的碎石土	$800 \geqslant v_s > 500$

本文原载微信公众平台《岩土工程学习与探索》2018 年 7 月 26 日，作者：王长科

土的类型	岩土名称和形状	土层剪切波速范围(m/s)
中硬土	中密、稍密的碎石土，密实、中密的砾、粗、中砂，$f_{ak}>150$ 的黏性土和粉土，坚硬黄土	$500 \geqslant v_s > 250$
中软土	稍密的砾、粗、中砂，除松散外的细、粉砂，$f_{ak} \leqslant 150$ 的黏性土和粉土，$f_{ak}>130$ 的填土，可塑新黄土	$250 \geqslant v_s > 150$
软弱土	淤泥和淤泥质土，松散的砂，新近沉积的黏性土和粉土，$f_{ak} \leqslant 130$ 的填土，流塑黄土	$v_s \leqslant 150$

注：f_{ak} 为由载荷试验等方法得到的地基承载力特征值（kPa）；v_s 为岩土剪切波速。

3 波速的应用

（1）按下式计算岩土的动弹性模量 E_d、动剪变模量 G_d、动体积模量 M、泊松比 ν：

$$\begin{cases} E_d = \dfrac{\rho v_s^2(3v_p^2 - 4v_s^2)}{v_p^2 - v_s^2} \\ G_d = \rho v_s^2 \\ M = \rho \left(v_p^2 - \dfrac{4}{3}v_s^2 \right) \\ \nu = \dfrac{v_p^2 - 2v_s^2}{2(v_p^2 - v_s^2)} \end{cases} \tag{2}$$

式中，ρ、v_p、v_s 分别表示质量密度、压缩波速、剪切波速。

动弹性模量 E_d、动剪变模量 G_d 的关系：

$$G_d = \frac{E_d}{2(1+\nu)}$$

（2）建筑抗震场地类别划分见表 2。

各类建筑场地的覆盖层厚度　　　　表 2

岩石的剪切波速或土的等效剪切波速(m/s)	场地类别				
	I_0	I_1	II	III	IV
$v_s > 800$	0				
$800 \geqslant v_s > 500$		0			
$500 \geqslant v_s > 250$		<5	$\geqslant 5$		
$250 \geqslant v_s > 150$		<3	$3\sim50$	>50	
$v_s \leqslant 150$		<3	$3\sim15$	$15\sim80$	>80

注：表中 v_s 系岩石的剪切波速。

波速的其他应用可参见相关资料。

4 结束语

地震波属于弹性波，有纵波、横波、面波之分，测试方法有单孔法、跨孔法、刘云祯面波法等。在工程上，当遇到测试结果偏离场地经验时，一定要分析原因，平行测定，多种方法测定，综合确定波速值，为工程设计提供科学、精准的数据。

素混凝土桩复合地基的抗震性能

【摘　要】　素混凝土桩复合地基由 CFG 桩复合地基演变而来，在华北山前冲洪积平原的非饱和土地区应用广泛。本文从素混凝土桩复合地基提高地基承载力机理出发，分析了其抗震性能及其与桩基础的不同，对采用素混凝土桩复合地基的建筑提高抗震能力提出建议。

当前，素混凝土桩复合地基应用广泛，尤其是在华北山前冲洪积平原的非饱和土地区，从小高层到 30 层及以上的高层建筑。

素混凝土桩复合地基，最早是从 CFG 桩复合地基开始的，随着高层建筑越来越多，由于 CFG 桩复合地基价格便宜、施工便利、质量稳定，因此在地下水位以上的非饱和土层的地基处理中，越来越多地得到了应用。30 层大楼的基底压力达到了 500kPa 左右，CFG 桩也逐渐改为了用商品混凝土螺旋钻压灌的素混凝土桩，强度等级达到 C30。

复合地基和桩基的最大区别：复合地基中的桩和上部结构之间是通过基础下面的褥垫层相联系的；而桩基中的桩和上部结构的联系，是通过承台来实现的。复合地基和上部结构下基础之间是砂石料做的褥垫层，是柔性连接。桩基中的桩本身就是基础的一部分，桩和上部结构是一体的刚性连接。

复合地基和桩基的地震作用原理不同：桩基的上部结构受到的地震力，会和桩基进行互动互传，连续协同；而复合地基与基础之间有褥垫层减震作用，上部结构和复合地基之间会出现不一体、不同步、不连续的协同。因此采用复合地基技术，上部结构受到的地震作用会小一些。

对上部结构接收大地传来的地震作用来说，采用复合地基比采用桩基更好些。但对于复合地基和桩基本身来说，复合地基中的桩，一般是素混凝土材料，除了承担轴力有优势外，承担剪力和弯矩都不具优势，加之其穿越不同的土层，因此其抗震能力不如桩基。当然，复合地基因有褥垫层的减震作用，复合地基中的桩受到上部互传的动剪力，比起桩基来说也会小一些。

如此看来，采用钢筋混凝土桩复合地基，对抗震来说是最好的一种选择。但这种选择造价太高，目前还没有这么做的。

建议对采用素混凝土桩复合地基的高层及超高层建筑，要进行素混凝土桩的抗震能力验算。

参考文献

[1]　王长科，郭新海. 基础-垫层-复合地基共同作用原理［J］. 土木工程学报，1996 (5)：30-35.

[2]　王长科. 工程建设中的土力学及岩土工程问题——王长科论文选集［M］. 北京：中国建筑工业出版社，2018.

本文原载微信公众平台《岩土工程学习与探索》2017 年 10 月 28 日，作者：王长科

关于地震液化深度的思考和建议

【摘　要】　分析了地震液化的产生机理，介绍了现行抗震规范关于液化判别深度规定的根据，在此基础上提出建议，岩土工程勘察液化判别深度要根据具体情况确定，可以适当加深至非液化土层。

地震液化，从地面上看，是看到的由地震引发的地面喷砂冒水；从液化的具体地层看，应该是饱和松砂受到震动土骨架体积紧缩，孔隙水压力突然上升，短时间内，该层土由固相转化为液相，抗剪强度大幅度降低，如果有桩穿越该层，则此时位于该层的桩侧摩阻力就会折减。埋藏深的地层液化可能因冲不破覆盖层，反映不到地面，不会出现地面喷砂冒水。

地震液化有两种：地面出现喷砂冒水、地面不出现喷砂冒水。

根据前人研究结果，松砂受剪切时体积变小，即孔隙比减小。密砂受剪切时发生剪胀现象，使孔隙比增大。在密砂与松砂之间，总有某个孔隙比使砂受剪切时体积不变，此孔隙比称临界孔隙比。

地震液化，就是饱和砂土的孔隙比因大于其地震液化临界孔隙比，地震来临，松砂变密，孔隙水压力上升，有效应力减小，出现液化现象。

唐山地震调查结果表明，地震液化深度一般不超过 15～20m。以此为依据，我国几本抗震规范要求对地面下 15～20m 深度范围内的饱和砂土、粉土进行液化判定。

实际上，唐山地震调查，当时很可能是从地面喷砂冒水现象入手进行的调查，在 20m 以下，如果还存在饱和松砂，也可能会发生液化，只不过因其埋深大，出现不了地面的喷砂冒水现象。当然，在 20m 以下，因自重固结，出现松砂的概率不大，也即出现地震液化也会很少。

为此建议，在进行岩土工程勘察时，液化的判断，不要受深度 15～20m 的限制，液化判别深度要根据具体情况酌情确定，可以再深点儿，直到其下不再有液化土层存在。

当然，液化如何判别，是另一个十分重要的仍需要继续进一步研究的问题。

附：我国几本抗震规范给出的液化判别深度：

《建筑抗震设计规范》GB 50011—2010（2016 年版）：15m，20m；

《水力发电工程地质勘察规范》GB 50287—2016，标贯判别 15m，用剪切波速判别 30m；

《铁路工程抗震设计规范》GB 50111—2006（2009 年版）：15m，20m；

《公路工程抗震规范》JTG B02—2013：15m，20m。

本文原载微信公众平台《岩土工程学习与探索》2017 年 10 月 26 日，作者：王长科

第六篇
随　笔

回忆林宗元大师二三事

　　林宗元大师生于 1929 年 9 月，1948 年入上海同济大学土木工程专业，在兵器工业战线从事工程勘察与岩土工程事业 57 年，主持过国内外各类型的大中型工程勘察项目一百多项，对红土、膨胀土等特殊性土有独特研究，在超高层建筑场地的岩土工程勘察、环境工程地质与环境岩土工程等方面有独创性见解，为我国国防工业和国民经济建设做出了贡献。

　　在 1987 年之前，石家庄的中国兵器工业北方勘察设计研究院一直是现在北京的中兵勘察设计研究院的一个分院。再往前推，最早名称是兵器工业部勘测公司华北勘测大队，当时石家庄的重点是发展勘测及维修力量。所以两家是一个单位。北京那边包括林宗元大师在内的很多领导、专家对石家庄这边是很关心的，也经常到石家庄来。有一次，林大师到石家庄来，期间，这边的领导就对林大师说，"您是全国知名专家，将来能不能为这边培养几个人才？"林大师随口答应。若干年后，林大师遵照有关方面要求，牵头组织编写"岩土工程丛书"，便想起了当初说的话，决定在石家庄寻找一个助手。就这样，有意无意间为我做林大师助手奠定了因缘。

　　1987 年 4 月我研究生毕业于华北水利水电学院北京研究生部岩土工程专业，当时毕业后是分配工作，还不是自主择业。水利部把我分配到河北省水利厅，我那时年轻，想的是要当科学家，不愿意做行政。当时的郑德明厅长很关心我，按照我的意愿，安排我到河北省水利水电第二勘测设计研究院水工一室从事水工结构专业设计工作。后来我因想专门从事岩土工程专业，在 1988 年 9 月获准调入中国兵器工业北方勘察设计研究院。当时的北方勘察设计研究院正在按照 1986 年原国家计委提出的关于勘察单位向岩土工程延伸的号召，积极延伸发展岩土工程专业技术业务。

　　1990 年底的一天，院里通知我，林宗元大师来院，点名要见我。我当时还不认识林大师，就急急忙忙地来到单位的招待所，在那里见到了林大师。当时给我的第一印象是，我还不能完全听懂林大师讲的普通话，只觉得他很和蔼、朴素。林大师询问我大学、研究生在哪里学习，导师是谁，学过什么课，参加工作后做过什么工作，最后让我春节后到北京给他当助手试试。1991 年 3 月 28 日，我正式调到了北京，开始了给林大师当助手的工作。时间从 3 个月延长为半年，又延长为 1 年、3 年，最后一直干了 6 年。从做秘书，到做常务编委兼秘书，副主编兼秘书。这 6 年里，我的眼界大开，理论水平空前提升，在此向林大师表示感谢。

　　跟随林大师期间，我住单身宿舍，所以能和林大师朝夕相处。林大师对我关怀备至，我对林大师也十分敬重。接触久了，就发现林大师对工作质量和成本节约的要求还是很严格的。我的印象很深，给各个编委、作者写信，专门定印了方便垫上复写纸留底的信笺。每次写信，都是林大师口述，我书写记录，每封信都像公文一样格式，并写好编号。老一代专家如此严谨，值得我们学习。

当时编书期间的碰头会、审查会是很多的，全国各地的勘察单位尤其是大型和新崛起的勘察单位都给予了大力支持。每次会议，林大师都要求我及时写好会议纪要并在会议上通过，会后印发，然后按照会议纪要载明的事宜执行。

林宗元大师原是中兵勘察设计研究院的副总工程师，时任中国勘察设计协会工程勘察协会秘书长。当时的国家计划发展主管部门和建设行政主管部门，正在着力推进"工程地质勘察体制向岩土工程体制转变"，核心思想是各种工程中关于岩土工程的勘察、设计、治理、测试监测检测和监理、咨询，应由熟悉岩土条件的岩土工程师承担，不应将其割裂，岩土工程师要成为一个独立的注册执业岗位，而且是大岩土概念，打破行业的界限。

推行岩土工程体制，符合实事求是精神，内行人干内行事，从岩土工程勘察，到岩土工程设计、咨询、施工、监测、检测，一条龙、全过程、总负责，情况熟悉、责任清晰、工作连续，有利于技术创新和解决问题，这实际上也是世界市场经济国家的先进经验。在这样的背景下，林宗元大师遵照有关方面指示，组织业内专家成立编制组，其中不乏各行各业的知名专家学者，开始编纂"岩土工程丛书"。第一次编制会议在中兵勘察设计研究院会议室举行，我负责会议记录，林大师讲了编制和分工计划，张苏民、袁炳麟、马兰、卞昭庆、顾宝和等专家热情发言，介绍国际情况和我国发展需要，至今想起来仍觉受益。

"岩土工程丛书"的编写，记得最早还是辽宁有色勘察研究院的李国胜、龚主华和辽宁科技出版社的刘兴伟找到林大师提出建议，不料林大师早有此大策划，所以一拍即合。6年间，一共组织编写出版了《国内外岩土工程实例和实录选编》《岩土工程治理手册》《岩土工程勘察设计手册》《岩土工程试验监测手册》《岩土工程监理手册》，共计5本，其中在全国引起最广泛关注的是《岩土工程治理手册》和《岩土工程试验监测手册》两本手册。丛书汇集了那个时代全国各地各行业的经验，对当时甚至后来一个阶段的全国岩土工程发展起到了重要的推动作用。

我们几个编委包括龚主华、汤福南、苏伯苓、贺可强等有一段时间常一起住在招待所，吃在单位食堂，多数情况下，每周工作7天，每天工作到晚上11点。在编审稿件时，经常就稿件中的学术观点进行辩论，学术气氛很浓。有一次我和汤福南就一个学术问题进行学术辩论，由于状态过于投入，不知不觉声音偏大，旁边办公室的同事还以为我们在吵架，赶紧跑来劝架。我们之间以诚相见、学术辩论，结下了深厚友谊，成为忘年交。

林大师统领我们一起工作，并给予了良好环境和支持，这样严谨勤奋的治学精神深深印在了我们的脑海、让人敬佩。林大师工作上严格要求，但在生活上非常关心我们，每到大的节日，总要安排我们去外面改善一下伙食，有一次我和龚主华每人吃了一只八珍烤鸡，感觉真好，至今仍历历在目。

林大师晚年和其他老一代大师共同倡导岩土工程体制，单就岩土工程的基本概念和内涵就撰文三论，在最关键的历史时刻组织编写了一套"岩土工程丛书"，为全国岩土工程勘察行业蓬勃开展，为我国注册岩土工程师制度的建立，做出了自己的努力和贡献。2006年，中华人民共和国建设部首期发布公告第448号"关于林宗元等5824名注册土木工程师（岩土）初始注册人员名单的公告"，其中林宗元大师的注册印章编号排序全国第一号。

这便是对林宗元大师的最好评价。

　　林宗元大师于 2011 年 1 月永远地离开了我们，但他把知识经验、论文著作，以及推动行业发展、学术上的完美执着的精神，生活上的艰苦朴素和待人上的和蔼品格留给了我们。

总工程师的定位及其在企业发展中的作用

【摘　要】　总工程师是勘察设计企业不可缺少的高级管理者。总工程师要善于构建和谐领导班子，善于将自己分管的工作放到全局来谋划，善于依靠职工、依靠市场、依靠创新。通过顽强拼搏，不断努力，为勘察设计企业的改革、发展、稳定，贡献力量。

1　总工程师的角色定位

总工程师，作为企业技术负责人，是企业经营者在技术工作方面的依托和参谋。总工程师的岗位是否设置到位、授权到位、工作到位、作用到位，不仅决定了企业领导班子配置是否科学合理，管理体系是否健全，而且表明了企业重视科技工作的程度，关系着企业的长远发展。

总工程师属于领导班子成员，是各个勘察设计企业不可缺少的重要岗位。从我国工程勘察行业看，总工程师的岗位设置主要有三种情况：总经理兼总工程师、副总经理兼总工程师、总工程师。将总工程师作为中层干部来管理是极少数单位的做法。从多数企业网站公布的企业领导人排序来看，近几年总工程师的排名有所提升。按照1992年7月26日建设部、国家科委联合发布的《建筑业大中型施工企业总工程师职责暂行规定》，总工程师的职责有9条，权利有6条。从企业内部看，总工程师分管技术工作，对总经理负责。从社会公众角度看，总工程师承担了对国家负责、对企业负责、对业主负责的三位一体的角色。领导班子成员只有两个角色对工程质量承担长期责任，这就是企业法定代表人和企业技术负责人，多数情况就是总经理和总工程师。总工程师是领导班子在技术层面和执行层的纽带，是企业技术领军人、首席专家、首席工程师。总工程师是懂技术、会管理的复合型人才，承上启下、合纵连横，连接行政与技术、技术与经济、专业与专业、企业和社会、现在与未来。一个杰出的总工程师一定是一位集专家、职业经理人、社会活动家、教授、哲学家于一身，工作到位不越位，知识渊博，智慧丰富，道德高尚的人。

当前和今后一个时期内，勘察设计企业的总工程师，至少应该把握好以下五项基本任务：①保证国家方针政策、规章规定和工程建设标准规范的贯彻执行；②全面主持工程技术和科技研发工作；③参与企业重大决策；④人才队伍建设；⑤社会活动。

2　改革开放带来的机遇和挑战

从业务发展和改革进程两个方面，来回顾一下工程勘察行业的发展给总工程师带来的

本文原是作者在中国建筑学会工程勘察分会第六届工程勘察总工程师论坛会议（2007年天津）上提交并做报告的一篇文章，后载于微信公众平台《岩土工程学习与探索》2017年12月27日

机遇和挑战。

新中国成立后，中央各部门相继成立工程勘察单位。当时各工程勘察单位的业务主要由四个板块组成：工程测量、工程地质勘察、水文地质勘察、工程物探。到1986年，国家计委提出工程勘察行业向岩土工程延伸。勘察行业的业务在原来的基础上，增加了岩土工程勘察、岩土工程设计、岩土工程治理、岩土工程检测等业务。1994年，建设部首次使用"岩土工程"一词颁布了《岩土工程勘察规范》。2000年，建设部开始推行强制执行的施工图审查制度。2002年，我国首次举行注册岩土工程师考试。2004年7月1日起，施工图审查制度改变管理方式。2005年11月，我国加入WTO（世界贸易组织）接轨过渡期结束，中国勘察设计咨询行业和世界全面接轨。2006年，建设部对注册岩土工程师进行首次注册。

我国工程勘察行业的体制改革大致经历了三个阶段：企业化管理、事业改企业、改革产权建立现代企业制度。企业化管理的特点是国家停止拨付事业费，改为工程收费。事业改企业的标志是进行照章纳税。改革产权建立现代企业制度的特点是企业开始自主经营。

从20世纪80年代初到现在，工程勘察行业各个单位都发生了很大变化。工程勘察单位的发展走势大致有以下五种类型：①传统型，业务拓宽少，仍以传统业务为主。②咨询型，进行智力转型，主要承担勘察、设计、检测、监测、监理等智力密集性业务。③劳务型，进行劳务转型，主要活跃在二级市场，承担钻探、试验、施工等靠人力、设备支持的劳务性业务；④以岩土工程施工为主要内容的专业承包型，大施工，小勘察；⑤以岩土工程专业为主线的工程总承包型。

面对行业发展、体制改革和市场变化，勘察企业在内部管理上也积极应对，先后推出了技术经济责任制、百元产值提成制、承包制、管理费率制、利润中心制等管理模式。

上述各方面的发展变化，都给总工程师带来了机遇和挑战。总工程师的定位、职责内容、工作规则、自身素质要求等不断地发生变化。总的来说，总工程师的重要程度越来越高，反过来，企业发展对总工程师的要求也越来越高。总工程师已经逐渐发展成为工程勘察设计企业不可缺少的核心领导之一。当然，领导班子其他成员也发挥着非常重要的作用。

3 总工程师在企业发展中的作用

在勘察设计企业，政治处于核心地位，经济处于中心地位，而技术则处于重心地位。勘察设计单位的企业目标是通过一系列工程技术服务获取盈利。技术工作贯穿于经营攻关、招投标、合同管理、项目实施、现场签证、工程结算、售后服务的所有工程服务全过程。甚至，发生合同纠纷，在法律诉讼阶段，也需要技术工作。可见，技术是勘察设计企业整个活动的重心和灵魂。

现在不少企业经营管理还属于枣核型，生产管理是企业的重头戏，而在市场和研发方面投入的精力还不足。随着改革开放的不断深入，肯定会有更多的企业转变为哑铃型，市场和研发占主要精力，而生产管理实行标准化制度化管理，花的精力不多。研发就是技术创新，技术工作当然是核心和关键。市场开发、市场培育、市场管理、市场维护等市场工作也需要技术支撑。可以这么说，在勘察设计企业里，任何一项没有技术内容的工作，都会黯然失色，缺乏吸引力、战斗力、新意、可持续性。

技术是企业的重心工作，而总工程师是企业技术领军人、首席工程师，处在重心工作的核心。总工程师是企业技术人员的总代表，代表着企业技术水平、先进文化、发展方向。

总工程师是形象大使、企业名片，是企业在行业内的代言人，是沟通企业和同行、企业和政府主管部门、企业和协会学会、企业和高校的重要桥梁，是让外部了解企业的重要窗口。总工程师的出色工作，对企业形象和发展起关键作用。

总工程师是一张王牌。经营工作遇到困难，总工程师的参与，会提高业主的信任度，谈笑间胜券在握。生产遇到困难，总工程师的参与，抓住关键问题所在，组织攻关，迎刃而解。企业进行重大规划和决策，总工程师的参与，语出惊人，决策决定豁然开朗。

总工程师在企业发展中，发挥重要作用。归纳起来主要有：参谋作用、领军作用、主导作用、保驾作用、协调作用、社会作用。

总工程师掌握着行业发展前沿，为企业制定中长期规划、发展战略、应对策略、决策决定，提供重要的参谋咨询作用。总工程师负责制定科技发展规划，主持审定科研课题，带领科技人员开展科学研究，在企业科技创新方面发挥领军作用。总工程师通过技术管理组织体系，全面主持企业技术工作，而技术工作在勘察设计企业这样一个智力密集型的组织，又是各个工作环节的主要内容、关键关节。

方案决定报价，标准决定成本。总工程师在企业提供工程服务最大限度获得利润的全过程活动中，起主导作用，对企业技术更新、产业升级、从低端经营向高端经营转移，至关重要。总工程师掌控着企业技术资源和政府主管部门、协会学会、专家网络等社会资源，是企业危难时刻渡过难关的关键保障，总工程师的胆略和关注细节，为企业保驾护航，使企业逢凶化吉，遇难呈祥。

由于总工程师的教育背景、业务功底和职责分工，总工程师的形象是企业专业技术人员心目中的总代表，技术人员有什么喜事、忧事、难事、心事，总愿意向总工程师倾诉，总工程师是技术工作者和行政工作者的沟通桥梁和联系纽带，总工程师和专业技术人员进行沟通，往往会取得事半功倍、意想不到的效果。另外，总工程师的专业水平和组织协调能力，使得总工程师除承担企业高管重要分工外，还承担着大量的评审、鉴定、咨询、论证等政府、协会、学会、社会各界委托的专家任务，社会作用十分显著。

4 总工程师要学会宏观管理和微观指导

总工程师除在专业上有所造诣外，在管理上也应该成为行家里手。除建立 ISO 9000 质量管理体系进行质量管理外，战略管理、资源管理、项目管理也要给予应有的关注。

企业战略是企业管理的核心任务之一，主要研究如何从行业、竞争和创新的角度全面理解建立企业竞争优势和核心竞争力的意义及基本路径，从而确保健康发展和企业生产率水平的持续提高。战略管理包括战略分析、战略定位和执行力管理。战略分析主要是产业分析、产业内分析、企业分析。任何一个企业的发展都取决于五个方面：国际产业走势、国家产业政策及发展进程、产业内行业伙伴发展格局、企业资产资源和员工素质、企业定位。战略决定战术，思路决定出路，定位决定地位。优秀的战略管理必定会为企业各项管理提供保证。

现代企业的竞争，准确全面地说，应该是资源管理的竞争。做好资源管理是企业的一项根本性任务。资源即资财的来源，是指在一定条件下能够产生价值的客观条件。一切具有价值、可以利用的要素都是资源。资源可以划分为：资产资源、体制机制资源、人力人才资源、社会与环境资源、知识与信息资源、企业文化与精神资源。资产资源包括：物资资产（土地、房屋、设备等）、技术资产（知识产权等）、金融资产（现金、应收应付款、债券、股票等）。体制机制资源包括：公司治理体系、注册师执业模式、人力开发系统、激励和晋升机制、生产经营运营体系、创新机制和应对变化的管理系统、内部交流沟通和配合机制、对外关联和快速反应系统。人力人才资源包括：人力资源（全体员工队伍）、人才资源（管理队伍、技术队伍）、将才资源（领导群、注册师群）、帅才资源（董事会、企业高管等）。社会与环境资源包括：上级机关、政府、客户和市场领地、供应商和协作网、银行、行业协会学会、媒体、社区与社会支持网、公共关系。知识与信息资源包括：行业发展史，政治、经济、社会、科学知识，市场与竞争信息、技术进步信息。企业文化与精神资源包括：企业宗旨、理念、理想、奋斗目标，企业倡导的核心价值观，多元化、开放性、包容性、灵活性，内部和内外交流、亲和力、透明度，企业与员工目标的一致性，优良传统、先进榜样，领导人风格、员工风气。

细节决定成败。全国工程勘察设计企业的高低和优劣，除与很多因素有关外，项目管理的机制模式、水平高低，是决定各勘察设计企业竞争力的关键因素。"战略管理加项目管理"就是企业核心竞争力，也说明了项目管理的至关重要。什么是项目？简单地说，把一个想法变成一个现实，就是项目。现代项目管理分为十个模块：集成管理、范围管理、时间管理、成本管理、质量管理、人力资源管理、沟通管理、风险管理、采购管理、责任管理。

总工程师要正确处理微观问题，更要善于解决宏观问题。宏观问题微观处理，微观问题宏观解决。处理好"总工程师"和"工程总师"的关系，把握宏观，指导微观，学会硬管理和软控制。把眼下的事做好，把长远的事做对。牢牢把握技术发展方向，认真解决工程技术难题，善于总结经验，并进行理论提升，让经验之树结出理论之果。

5 总工程师的五项修炼

总工程师应该非常注重自身素质提升。概括起来包括：学习、沟通、领导力、心智模式、身心健康五个方面。

学习是思维之根，思维是创新之基，创新是发展之本。学习的关键是学习能力。学习能力是人的基础能力之一，是人类获得知识、智慧，奠定持久竞争力、活力、发展动力的关键性能力。提高学习能力，要把握好五个方面：学习定位、学习理念、学习方式、学习效率、学习兴趣。要有所为，有所不为。鬼谷子说，以天下之目视者，则无不见；以天下之耳听者，则无不闻；以天下之心虑者，则无不知。加强学习，不断提高学习能力，是总工程师的第一项修炼。

沟通是指为了设定的目标，将信息、思想、情感在个人或群体间传递，并达成共同协议的过程。沟通是必修课之一。沟通有三个要素：目标、交流、共识，三个行为：表达、倾听、接收。其中，表达分为语言表达和非语言表达。表达被对方成功接受，有30%取决于你说什么，30％取决于你是怎么说的，40％取决于你的身体语言。倾听有五个原则：适应讲话者的风格，眼耳并用，首先寻求理解他人、然后再被他人理解，鼓励他人表达自己，聆听全部信息、表现出有兴趣。倾听有五个层次：满不在乎地听、假装在听、选择性听、认真地听、入神地听。沟通有四大秘诀：真诚、自信、赞美、善待。沟通中遇到异议，处理方法有四种：忽视法、转化法、太极法、询问法。沟通成功后一定要注意感谢、赞美、庆祝。不断提高沟通能力，是总工程师的第二项修炼。

总工程师的第三项修炼是领导力。领导力包含执行力、驾驭力、创新力三个层面。执行力包括学习意识，市场意识，风险意识，大局意识，传达及时、宣贯到位、态度坚决，重点工作推进有力等。驾驭力包括科学判断形势、果断决策、战略思维、组织协调等。创新力包括体制创新、机制创新、技术创新，还有突破原有、超越自我等。创新就是把"不可能……"改变为"不，可能……"。提升领导力需要从六个方面入手：一是提升洞察力。提升洞察力要完成四个转换，由小看大到由大看小、由排斥差异到重视差异、由单向思维到多向思维、由单脑思维到多脑思维，落实科学发展观。位置决定价值。用人所长，越用越长；用人所短，越用越短。把合适的人放在合适的位置上，领导者的能力是通过被领导者的能力来体现的。二是提升决断力。领导者最乱的表现：思维乱、情绪乱、标准乱，最慢的表现：反应慢、决策慢、执行慢。决策难在选择，选择难在标准，标准难在排序。排序是领导者的基本功。领导者要提高智商、情商、胆商，尤其要提高胆略、气魄、意志和勇气，敢担风险，敢负责任。一旦决策，立即执行，目标坚定，持之以恒，遇到困阻，不为所动，严格管理，严格执行。三是提升执行力。执行力的价值取向是：过程没有结果重要，目标没有目的重要，成本没有利润重要，效率没有效益重要。不看合同看产值，不看产值看成本，不看成本看利润，不看利润看垫支，不看垫支看周转，不看周转看现金。四是提升影响力。领导重在用人，用人重在影响，影响重在激励。把激励与业绩直接联系起来，把决策与执行直接联系起来。潜能不激励变无能，潜能被激励变显能，显能变效能，点燃激情才能开发潜能。激励效果的持久性主要靠制度。五是提升应变力。领导艺术就在方圆之间，大方小圆，内方外圆，后方先圆，己方他圆，先方后圆。处理纠纷，要先虚后实，先新后旧，先内后外，先明后暗，轻重缓急。六是提升领导特质。培养领导特质的五个阶梯：第一级，优秀的执行者；第二级，优秀的团队成员；第三级，有了硬权力会管理；第四级，学会用软权力领导；第五级，领导艺术的最高境界。

心智模式是总工程师的第四项修炼。什么是心智模式？心智模式就是人的世界观和价值观，简单地说，就是思维视角。领导者潜在的心智模式，是影响企业正确决策和创新的关键因素。心智模式的修炼可以从三个方面来进行：一是发展、培育终极信仰。没有追求、没有目标、没有渴望、没有信仰的人，不可能发展并保持自己的独立人格，更不可能改变自己在生活、工作上从众随流的传统心智模型。无私无畏，无畏无惧。人的终极目标可以给人带来力量和勇气，带来与众不同的心智模式和行为结果。二是相信你的直觉和想象力。所有的伟人都有天生的直觉力，他们需要理解的东西不需要推理或者分析就能够理解。有效的领导者不是从书本上找灵丹妙方，而是根据自己的想象力、经验、直觉对未来进行预测，对市场上和企业中突然发生的变化做出及时的决策和判断。三是兴趣、梦想、执着、专注。在工作、生活中永远保持好奇心，对新鲜事物保持浓厚的兴趣，不断做梦。这种好奇心和梦境能够使人保持自己独立的人格和品质，维持强势的内控能力，并发展出一种超常规的心智模式。

身心健康是总工程师的最后一项修炼。成就一番事业，必定要具有一个健康的身体，更加需要一个良好的心态。要常修为政之德，常思贪欲之害，常怀律己之心。做一个高尚的人，纯粹的人，一个脱离了低级趣味的人。心态决定状态，状态决定结果。好的心态可使人快乐、进取、有朝气、有精神，消极的心态则使人沮丧、难过、没有主动性。烦恼与快乐，成功和失败，仅系一念之间，这一念即是心态。身体健康，心态积极，情绪稳定，是身心健康修炼的终极目标。完成身心健康修炼，需要明白很多道理。明白是知识的爆炸、经验的升华、智慧的结晶。越学越明白，越做越明白。明白自己，明白时机，明白角色，明白使命。得也明白，失也明白。要学会整体看问题，辩证看问题，历史看问题。要学会从哲学角度看待事物，把握事物。世界是哲学的，哲学是世界的。

总工程师是勘察设计企业不可缺少的高级管理者。总工程师要积极工作，努力学习，牢牢把握好角色定位、机遇挑战、应发挥的作用、管理艺术、自身修炼。要善于构建和谐领导班子，善于将自己分管的工作放到全局来谋划，善于依靠职工、依靠市场、依靠创新。通过顽强拼搏，不断努力，为勘察设计企业的改革、发展、稳定，贡献力量。

浅谈雄安新区规划建设

【摘 要】 综述了对雄安新区规划建设的几点认识和建议。

1 前言

雄安新区的设立，对集中疏解北京非首都功能，调整优化京津冀城市布局和空间结构，培育创新驱动发展新引擎，具有重大意义。

雄安新区规划建设，举世瞩目、示范引领、世界眼光、千年大计。新区的规划建设，要在现代科技文明和中国优秀传统文化的结合点、当期发展需要和未来千年大计的结合点、规划建设环境建造和自然地理生态平衡的结合点、城市风格和地方土特风格结合点、美丽性与实用性的结合点等方面下足功夫、谋定而后动。充分用好先进科学技术、自然规律和人文经验，把雄安新区建设成生态、低耗、美丽、活泼、高效、安舒的文化城、科技城、森林城、水城、平原山城、四季分明城、半地下半地上有根的城、视觉远近有层次的城。城中有水，水中有城；森林中有城，城中有森林；地上有城，地下有城；平原有山，山上有树，树上有鸟，鸟语花香。碧水荡漾，水中有鱼，鱼水深情。田园般、诗情画意，生活工作，静在地面，享受阳光、蓝天、绿树和清水，动在地下，使用地下空间，交通流、物流、水流、电流、信息流，高效、有序、隐蔽。

雄安新区建设，引入世界眼光和千年大计，必将引领当代规划建设各专业学科的科技进步，下面对新区规划建设的一些粗浅认识和建议进行分述。

2 城市颜色基调设计

雄安新区的颜色设计首先要与其担当的功能重任相匹配，注意呼应首都北京的城市颜色系，同时还要和京津冀，尤其是雄安地理、历史文化颜色相协调。

北京，是全国的政治、文化、教育、科研、交通、国际交流等中心。雄安建成之后，北京的非首都功能疏解，首都北京主要体现全国政治、文化、国际交往中心等，雄安将成为绿色生态宜居新城区、创新驱动发展引领区、协调发展示范区、开放发展先行区。

北京城市颜色，金色、深红色、深绿色，亚光，表达了大气、吉祥、统领、担当、厚重、朴实、规矩、坚定。

雄安地理的自然色是蓝色、绿色、黄色、灰色。芦苇、荷花的颜色是碧绿色、鲜红色、灰白色。城镇人工色主要是灰色、灰白色、黄红色。

本文原载微信公众平台《岩土工程学习与探索》2018年9月12日，作者：王长科

综合考虑，作者建议雄安新区的城市颜色人工色基调设计首先考虑：蓝色、红色、白色、橙色，亚光与亮光相间。表达活泼、激情、创造、奋斗、领先、快乐、安舒。

3 城市设计小建议

城市设计要充分使用先进科技手段，巧妙运用好自然规律。实现自循环、自除尘、自清洁、自除雪、自防洪、自清淤、自维护。同时注意工程选材，注意建材的耐久性。用好阳光、风、雨和地面水，采用自动化、信息化、智能化，建设美丽智慧城市。

雄安新区地理位置属于太行山东麓冲洪积平原，首都北京正南偏西方位，大清河水系，拥有河北最大湿地白洋淀，九河下梢，分别是唐河、孝义河、潴龙河、府河、暴河、漕河、萍河、金线河、白沟引河等九条主要河流汇集而成，最终经海河流入渤海。新区地理地质条件平稳，第四纪覆盖层厚实，地层相变复杂，工程性质中等，地层分布有粉土、粉质黏土、黏土、砂土，层理平稳，夹层透镜体常见。工程地质条件总体良好，水文地质条件稳健。

南水北调中线已经获得成功，未来新区建设，水环境治理逐渐到位，地下水位逐渐恢复到位。河渠治理和新建河道位置与路线的设计，要遵循自然地质、地形、地理、地下与地表径流规律和条件，因势利导，因地制宜，保证河渠路线千年稳健，河岸稳固，遇特大洪水不改道。

城市道路规划布局，建议考虑道路与既有河流及新建河渠路线的呼应。城市主干道路的方位，可以主要考虑未来气流和雨雪途径及其流经城市的流通方便，保证城市大气气流顺畅，海绵城市雨水入渗，地下管线以及地下水径流，城内城外流通顺畅。城市道路纵向主干道方位，建议离开子午线一个小角度，朝向南偏东；横向主干道相应相宜。纵向次干道主要沿河、沿渠平行布置，横向次干道也相应相宜。

如此，纵横主干道正向东西南北，纵向干道朝向正南偏东，保持了城市道路主格局的结构力、定力、稳固力，并和首都北京相呼应。次干道因河、因势利导，路线方位走向灵活，这样保证了城市活力、好奇心、丰富想象力。

街道宽度要适宜，不搞宽马路、大路口。道路纵横密度要足。地面电线、网线、电话线等线路全部入地，全城区、全路段、全天候监控、监测。单位、小区全方位开放，不建围墙，通透共享。楼房建设要采用绿色低耗技术，厨房、卫生间，充分利用好烟筒自然气流抽吸原理，不用电，零维护。住宅的单元门要考虑朝阳，出门享受阳光，冬季不结冰、不积雪。屋顶绿化，采用坡顶，冬季不积雪。

除商业性和标志性建筑外，多发展低层、多层建筑。大力开发地下空间，城区地下空间一体化开发，采购、仓储、物流、交通、人防、管廊、储水、储气，一体化布局。深层地下空间利用要同时布局，深部含水层和地能地热层的开发、利用、维护同步规划。

公园规划建设，植物、花卉，要考虑视觉、季节搭配，立体层次搭配，还要考虑出芽、枝叶、开花、果实、落叶全过程中的遮阴、呼吸健康、食用药用价值等需要。公园路面不出现水泥制品，多采用天然石材、人工烧制建材，具有呼吸功能，雨雪过后晾干快，体现处处合于自然的视觉效果和生态效果。休闲广场、徒步路线、健身广场，要注意环境、朝向，密度和面积要满足健身的需要。平面布局科学人性，不单纯追求几何数学的美观。

特别值得提醒，在街道、公园布局时，清洁厕所的数量和位置要满足需要。

4 岩土工程专业思考

雄安新区建设和建成后,岩土工程将一直是关键专业之一。建筑、市政、地铁、交通、水利等工程中的挖填、地基、基础、边坡、隧道、地下空间、堤坝、防渗、防污、治污、防空、防护、深挖、深埋、深井、深洞、长桩等,以及岩土防灾减灾工程、岩土地震工程、岩土环境保护工程、岩土遗产保护工程等,要经得起强降雨、强风、地震、短期、正常、长期的工况考验。向深地进军中的地能、油气、水资源、地热等,其中的岩土事宜也日益凸显。地质、地下水、深地资源需要建立深地空间地理信息大数据库,并需要长期维护。地上地下的基础设施工程,尤其是边坡、地下空间、桥梁等需要进行全生命周期的健康跟踪、监控、控制。

特别重要的工程,要经得起百年、千年的考验。岩土工程设计,除应立足当期场地岩土工程条件外,要特别注意工程使用全生命周期内可能遇到的作用组合,比如地震、地下水变化、主要地层含水量变化、环境影响变化等,创新试验方法,研究岩土的工程性能反应谱,要科学评估,稳妥设计,经得起未来考验。要特别研究地基承载力、地基变形设计中的安全系数。目前,我国地基承载力使用的安全系数为2.0,对于千年大计的工程,建议地基承载力使用的安全系数采用3.0~4.0,这和国际上一些做法,以及我国已经屹立千年古建筑的大底盘基础基底压力实际值平均只有75kPa左右的现象,就比较吻合了。

5 小结

作者就雄安新区规划建设想到的一些想法,写了出来,抛砖引玉,祝愿并期待雄安新区建设走向美好的明天,不当之处敬请各位专家指教。

做好岩土工程需德位相配

【摘　要】　提出岩土工程师不仅要掌握先进的工程技术，而且要同时具有相应的文化修养和品德。

在中国传统文化中，最高级的是"天"的学问，比如历法、节气、天象、天时、气象、天气等，其次是"地"的学问，比如地理、地貌、地形、地质、土壤、水文、风、雨雪、农耕、动植物、居住及各类工程等，再就是"人"的学问，比如社会、人文、生活、人生、生命、环境、饮食、医疗、武术、养生等。

阴阳为根，干支为序，五行为类，构成了最古老的传统文化之魂。

岩土是地球表面的固态介质，承载着建设、环境、生态和文化载体的功能，按现时说应称之为岩土建设工程、岩土环境工程、岩土生态工程和岩土文化工程，统称岩土工程。做好岩土工程专业，除需具备地质学、水文学、力学、数学、工程结构、材料、机械、电子、电磁、电工电器等知识外，尚需在工程管理、天文、地理、植物等，尤其是在传统文化和人文品德修养方面需要有一定造诣。

老子《道德经》是中华文化的源头之一，言简意赅，智慧深邃，讲述了天地开合及以后的万事万物运行规律，以律己并做好自然人的修身养性和合乎自然规律为主线，探讨了治国、治身、治心、自处、人与人相处、人和环境相处等一系列思维理念层面的重要问题，提出了"自然""无为"等著名的哲学概念。

老子说："万物负阴而抱阳，冲气以为和。"又说："知和曰常，知常曰明。"老子要人们知道气和才是万事万物的常态，知道这些道理，才能做好一个经济发展的明白人。要努力维护人与人、人与社会、人与自然的和谐。做好岩土工程，首先要创造、维护和珍惜一个好的人文生态，在工作中要处理好经济发展与环境保护的关系。

由此，从传统文化角度看，岩土工程是实实在在的"地利"工程，巧借自然、改造自然而保护自然，牵动"天""地"和"人"，因此说岩土工程位居上品，很需德位相配。做好了会造福，做不好会造孽。

附录：著作和论文清单

1. 出版的著作

[1]　林宗元. 国内外岩土工程实例和实录选编 [M]. 沈阳：辽宁科学技术出版社，1992.（作者为第一常务编委兼秘书）

[2]　林宗元. 岩土工程治理手册 [M]. 沈阳：辽宁科学技术出版社，1993.（作者为第一常务编委兼秘书）

[3]　林宗元. 岩土工程试验监测手册 [M]. 沈阳：辽宁科学技术出版社，1994.（作者为第一常务编委兼秘书）

[4]　林宗元. 岩土工程勘察设计手册 [M]. 沈阳：辽宁科学技术出版社，1996.（作者为第三副主编兼秘书）

[5]　林宗元. 岩土工程监理手册 [M]. 沈阳：辽宁科学技术出版社，1997.（作者为第四副主编兼秘书）

[6]　林宗元. 简明岩土工程勘察设计手册 [M]. 北京：中国建筑工业出版社，2003.（作者为第一常务副主编）

[7]　林宗元. 简明岩土工程监理手册 [M]. 北京：中国建筑工业出版社，2003.（作者为第一常务副主编）

[8]　编写组. 建筑工程勘察设计常见质量问题分析与解决措施 [M]. 石家庄：河北科学技术出版社，2003.（作者为岩土专业编写人）

[9]　林宗元. 岩土工程治理手册 [M]. 北京：中国建筑工业出版社，2005.（作者为第一常务副主编）

[10]　林宗元. 岩土工程试验监测手册 [M]. 北京：中国建筑工业出版社，2005.（作者为第一常务副主编）

[11]　武威，王长科，杨素春，王平 [M]. 全国注册岩土工程师专业考试试题解答及分析（2011—2013）. 北京：中国建筑工业出版社，2014.

[12]　王长科. 工程建设中的土力学及岩土工程问题——王长科论文选集 [M]. 北京：中国建筑工业出版社，2018

[13]　黎光大，劳道邦. 岗南水库扩建加固工程技术 [M]. 石家庄：河北科学技术出版社，2020.（作者编写 6.6 节）

[14]　王长科. 老子道德经新解 [M]. 石家庄：花山文艺出版社，2020

2. 发表的论文

[1]　王长科. 预钻式旁压仪试验应力分析初探 [Z]. 中国建筑学会工程勘察学术委员会第二次全国旁压（横压）测试应用技术专题学术讨论会. 溧阳，1986.

[2]　王长科，王正宏. 旁压仪试验机理研究 [C] //中国土木工程学会第五届土力学及基础工程学术会议论文选集，1990.

[3]　骆筱菊，刘力，王长科，陈伟. 保定地区某建筑物地基土的应力-应变归一化性状 [J]. 河北农业大学学报，1987，（3）.

[4]　黎光大，劳道邦，董翠芸，王长科 [J]. 岗南水库新增溢洪道高边坡施工开挖的监测与分析. 全国滑坡监测技术讨论会，1988.

[5] 王长科，骆筱菊. 用旁压试验推求土体强度指标的方法探讨 [J]. 勘察科学技术，1989，(1)：1-3.

[6] 王长科. 边坡开挖设计的简化弹塑性法 [J]. 现代勘察，1989，(3).

[7] 王长科. 用旁压试验确定土体模量的研究 [J]. 北方勘察，1990，(1).

[8] 王长科. 旁压试验 p_0 值物理含义及其求法的研究 [J]. 工程勘察，1990，(3).

[9] 何广智，戴志祥，王长科. 挤密桩法加固软弱地基及其效果的现状与展望 [Z]. 国防机械工业勘察科技情报网第 1 届综合情报交流会，1990.

[10] 王长科. 用旁压试验确定浅基础地基承载力初步研究 [J]. 现代勘察，1991，(1).

[11] 王长科，林宗元. 土钉技术的发展与展望 [J]. 中国兵工学会基本建设专业委员会学术交流会，1992.

[12] 王长科，林宗元. 土钉技术的发展及其在我国工程建设中的应用 [C] //中国地质学会第 4 届工程地质大会论文选集. 北京：海洋出版社，1992.

[13] 王长科. 应力路径法在旁压试验分析中的应用 [J]. 军工勘察，1992 (2).

[14] 王长科，章家驹. 旁压试验孔壁剪应力的通解 [J]. 工程勘察，1992 (3)：11-13.

[15] 王长科. 旁压模量物理含义及其计算方法的研究 [J]. 军工勘察，1992 (4).

[16] 王长科. 用旁压试验原位测定土的强度参数 [J]. 勘察科学技术，1992 (6)：25-27.

[17] 何广智，王长科. 悬臂式钻孔灌注桩护坡实践中的若干问题 [J]. 军工勘察，1993 (2).

[18] 王长科. 正交各向异性介质中孔穴扩张的弹塑性理论解 [J]. 军工勘察，1993 (3).

[19] 贾文华，王长科. 快速法载荷试验沉降量外推计算程序 [J]. 军工勘察，1993 (4).

[20] 王长科. 饱和黏性土旁压固结试验 [J]. 工程勘察，1994 (1)：20-22.

[21] 王长科. 散体材料桩复合地基承载力计算 [J]. 军工勘察，1994 (2).

[22] 王长科. 散体材料桩临界桩长计算 [J]. 军工勘察，1994 (3).

[23] 王长科，汤福南. 土的压缩模量计算探讨 [J]. 军工勘察，1994 (3).

[24] 王长科，王正宏. 浅基础地基承载力计算新方法//中国土木工程学会第 7 届土力学及基础工程学术会议论文集. 北京：中国建筑工业出版社，1994.

[25] 郭新海，王长科. 独立柱基础与半刚性桩复合地基共同作用分析及设计计算 [J]. 工业建筑，1995 (11)：34-39.

[26] 王长科，郭新海. 基础-垫层-复合地基共同作用原理 [J]. 土木工程学报，1996 (5)：30-35.

[27] 王长科，魏弋锋. 基坑底载荷试验实测承载力的深度修正 [J]. 岩土工程师，1997 (2)：26-28.

[28] 王长科，戴志祥. 夯实水泥土桩复合地基设计 [J]. 岩土钻凿工程，1997 (4)：30-33.

[29] 王长科. 载荷试验与基础沉降计算 [J]. 岩土工程与勘察，1997 (1).

[30] 王长科，戴志祥. 夯实水泥土桩复合地基设计计算 [J]. 河北勘察，1998 (1).

[31] 王长科. 非自重湿陷性黄土实体桩复合地基设计原理 [J]. 岩土工程与勘察，1999 (1).

[32] 王长科，戴志祥，孙会哲. 实散组合桩承载原理及应用 [J]. 工程地质学报，1999，7 (4)：327-331.

[33] 王长科，贾文华. 用载荷试验检测桩土复合地基承载力中的承载力换算问题 [C] //中国土木工程学会 99'岩土工程土工测试技术学术交流会论文集，1999.

[34] 朱明温，文日海，王长科. 巨型圆筒式瓦斯罐倾斜纠偏 [J]. 岩土工程技术，1999 (3)：45-48.

[35] 王长科，孙会哲，王永正，陆洪根. 实体桩复合地基承载原理 [J]. 岩土工程界，2000 (2)：22-25.

[36] 王长科，汤福南. 地基变形计算参数勘察评价试验研究//第六届学术交流会论文选集编选委员会. 中国建筑学会工程勘察分会第六届学术交流会论文选集. 北京：地质出版社，2000.

[37] 王长科，段宗智，王立俊，史德忠. 关于夯实水泥土桩承载力的两个问题. 岩土工程界，

2001 (2)：38-39.

[38] 陈小峰，曾微河，王长科. 通过深井载荷试验测定单桩极限端阻力标准值 [J]. 岩土工程界，
      2001 (6)：31-33.

[39] 王长科，王立俊，段宗智，李彦忠，苗现国. 地基承载力特征值计算研究 [J]. 岩土工程界，
      2001 (12)：56-58，62.

[40] 王长科，王立俊，段宗智，苗现国. 黄土状土地基承载力特征值计算研究//罗宇生，汪国烈
      主编. 湿陷性黄土研究与工程. 北京：中国建筑工业出版社，2001：156-162.

[41] 王长科，王立俊. 复合地基承载力深宽修正分析 [J]. 岩土工程界，2002 (10)：26-27.

[42] 王长科，陈小峰，苗现国. 石家庄土钉支护设计分析 [J]. 岩土工程学报，2002 (1)：64-68.

[43] 陈追田，贾文华，王长科，李寨华. 石家庄市新近堆积黄土状土载荷试验特征//顾晓鲁，张振拴，
      郑刚，吴永红，刘春原. 岩土工程技术及进展. 北京：中国建筑工业出版社，2002：88-91.

[44] 王长科，贾文华，王永正，陈追田. 天然地基及复合地基的基床系数测评//顾晓鲁，张振拴，
      郑刚，吴永红，刘春原. 岩土工程技术及进展. 北京：中国建筑工业出版社，2002：124-128.

[45] 王长科，梁金国. 地基承载力修正系数的理论分析与实测反算//中国建筑学会工程勘察分会.
      全国岩土与工程学术大会论文集. 北京：人民交通出版社，2003.

[46] 田军岭，丁红强，王长科，韩秋林. 石家庄南三条深基坑土钉支护工程实录分析 [C] //第六
      届全国岩土工程实录交流会岩土工程实录集. 北京：兵器工业出版社，2004.

[47] 王长科，马旭东，赵国强. 对旁压仪试验基本理论和工程应用的再认识 [J]. 岩土工程界，
      2004 (6)：43-45，50.

[48] 王长科. 土钉支护技术的发展 [C] //第七届河北省地基基础学术会议论文集. 河北工业大学
      学报，2004，33 (增刊).

[49] 王长科，高吉中. 路基沉降控制设计中的几个问题 [C] //河北省土木建筑学会工程抗震、地
      基基础、质量控制与检测技术学术委员会 2005 年学术年会论文集. 华北地震科学，2005 年
      第 23 卷增刊.

[50] 王长科. 人工挖孔扩底桩分析研究 [J]. 工程建设与设计，2006 (11)：24-27.

[51] 梁金国，王长科，贾文华.《河北省建筑地基承载力技术规程》编制情况介绍 [J]. 工程勘
      察，2007 (1)：7-11，17.

[52] 王长科. 沉降计算的现状和思考//梁金国，聂庆科. 岩土工程新技术与工程实践. 石家庄：
      河北科学技术出版社，2007.

[53] 王长科，贾文华，梁金国. 地基第一拐点承载力 [J] 工程勘察，2009 (S2)：7-12 (2009 年
      河北省工程勘察学术交流会论文集，唐山).

[54] 王长科. 论压缩模量计算中的孔隙比精度 [J]. 河北勘察，2010 (1).

[55] 王长科. 带地下车库超高层建筑物的嵌固稳定 [J]. 河北勘察，2010 (2).

[56] 王长科. 护坡桩的抗剪计算 [J]. 河北勘察，2010 (4).

[57] 江磊，苏波，王长科，杨树岭，刘兴杰，冯石柱. LBD 模拟月壤研究 [C] //中国宇航学会
      深空探测技术专业委员会第七届学术年会论文集，2010.

[58] 王长科. 浅议地下水勘察和地下室抗浮水位压力计算 [EB/OL]. 岩土工程学习与探索，
      2017-10-15.

[59] 王长科. 基坑支护支撑点布置概念设计 [EB/OL]. 岩土工程学习与探索，2017-10-22.

[60] 王长科.《岩土工程勘察报告》居然能有 15 个特性 [EB/OL]. 岩土工程学习与探索，2017-
      10-24.

[61] 王长科. 你知道岩土工程的这些质量属性吗？[EB/OL]. 岩土工程学习与探索，2017-10-25.

[62] 王长科. 关于地震液化深度的思考和建议 [EB/OL]. 岩土工程学习与探索，2017-10-26.

[63] 王长科. 粗说素混凝土桩复合地基的抗震性能 [EB/OL]. 岩土工程学习与探索，2017-10-28.

[64] 王长科. 关于素混凝土桩复合地基承载力检测的思考和建议 [EB/OL]. 岩土工程学习与探索，2017-10-30.

[65] 王长科. 素混凝土桩复合地基承载力设计新思维 [EB/OL]. 岩土工程学习与探索，2017-11-02.

[66] 王长科. 《岩土工程勘察报告》提供压缩模量 E_s 值要这样做 [EB/OL]. 岩土工程学习与探索，2017-11-07.

[67] 王长科. 对复合地基刚柔组合褥垫层的原理分析 [EB/OL]. 岩土工程学习与探索，2017-11-13.

[68] 王长科. 压实填土的最大干密度经验公式有了理论依据 [EB/OL]. 岩土工程学习与探索，2017-11-20.

[69] 王长科. 土的桩侧摩阻力参数确定有窍门 [EB/OL]. 岩土工程学习与探索，2017-11-21.

[70] 王长科. 岩土参数的确定是四维空间问题 [EB/OL]. 岩土工程学习与探索，2017-11-23.

[71] 王长科. 裙楼设置抗浮措施，主楼地基承载力的深度修正要体现 [EB/OL]. 岩土工程学习与探索，2017-11-24.

[72] 王长科. 地基承载力的"深度修正系数"改称"超载修正系数"会更好 [EB/OL]. 岩土工程学习与探索，2017-11-25.

[73] 王长科. 地基承载力理论计算公式简明汇总 [EB/OL]. 岩土工程学习与探索，2017-11-27.

[74] 王长科. 复合地基变形计算深度的学问有深度 [EB/OL]. 岩土工程学习与探索，2017-11-30.

[75] 王长科. 地基承载力理论研究发展简史 [EB/OL]. 岩土工程学习与探索，2017-12-02.

[76] 王长科. 抗震设计中的场地类别划分有学问 [EB/OL]. 岩土工程学习与探索，2017-12-04.

[77] 王长科. 从俞孔坚"大脚革命"看岩土工程 [EB/OL]. 岩土工程学习与探索，2017-12-06.

[78] 王长科. 压缩模量 Es 并不是土的基本参数 [EB/OL]. 岩土工程学习与探索，2017-12-07.

[79] 王长科. 对"工程咨询"和"岩土工程咨询"的理解和思考 [EB/OL]. 岩土工程学习与探索，2017-12-11.

[80] 王长科. 复合地基设计将进入 3.0 时代 [EB/OL]. 岩土工程学习与探索，2017-12-13.

[81] 王长科. 粉土的特殊性要给予特别关注 [EB/OL]. 岩土工程学习与探索，2017-12-17.

[82] 王长科. 基坑边坡的临界坡角有了简易计算公式 [EB/OL]. 岩土工程学习与探索，2017-12-19.

[83] 王长科. 朗肯土压力理论和基坑开挖支护的不适应性分析 [EB/OL]. 岩土工程学习与探索，2017-12-23.

[84] 王长科. 基坑开挖坑壁直立高度的三种算法 [EB/OL]. 岩土工程学习与探索，2017-12-25.

[85] 王长科. 总工程师的定位及其在企业发展中的作用 [EB/OL]. 岩土工程学习与探索，2017-12-27.

[86] 王长科. 三轴试验固结排水条件模拟工程实际的不适应性分析与改进建议 [EB/OL]. 岩土工程学习与探索，2017-12-28.

[87] 王长科. 百年老店内在机制研究 [EB/OL]. 岩土工程学习与探索，2018-1-2.

[88] 王长科. 土的成因代码和地质时代代码汇总 [EB/OL]. 岩土工程学习与探索，2018-1-3.

[89] 王长科. 地下水水头计算公式 [EB/OL]. 岩土工程学习与探索，2018-1-4.

[90] 王长科. 基坑支护设计荷载组合分析与建议 [EB/OL]. 岩土工程学习与探索，2018-1-5.

[91] 王长科. 走近岩土工程和岩土工程师 [EB/OL]. 岩土工程学习与探索，2018-1-16.

[92] 王长科. 基床系数的特殊性分析与设计使用换算方法建议 [EB/OL]. 岩土工程学习与探索，2018-1-17.

[93] 王长科. 混凝土冲切和剪切的区别与联系 [EB/OL]. 岩土工程学习与探索，2018-03-26.

[94] 王长科. 小应变测桩长要综合确定 [EB/OL]. 岩土工程学习与探索，2018-03-28.

[95] 王长科. 多桩型复合地基承载力计算简洁法 [EB/OL]. 岩土工程学习与探索，2018-03-29.

[96] 王长科. 复合地基复合土层压缩模量计算取值中的问题 [EB/OL]. 岩土工程学习与探索，2018-04-21.

[97] 王长科. 土壤污染与修复 [EB/OL]. 岩土工程学习与探索，2018-04-22.

[98] 王长科. 地基变形计算中粗粒土压缩模量的确定 [EB/OL]. 岩土工程学习与探索，2018-05-25.

[99] 王瑞华，王长科. 深井载荷试验测定井底土的变形模量//王长科主编. 工程建设中的土力学及岩土工程问题-王长科论文选集. 北京：中国建筑工业出版社，2018.

[100] 王长科.《工程建设中的土力学及岩土工程问题——王长科论文选集》出版发行 [EB/OL]. 岩土工程学习与探索，2018-07-03.

[101] 王长科. 坡顶复合地基超载的土压力计算建议 [EB/OL]. 岩土工程学习与探索，2018-07-12.

[102] 王长科. 建筑抗震不利地段的判别思考和建议 [EB/OL]. 岩土工程学习与探索，2018-07-13.

[103] 王长科. 地基承载力深宽修正系数需要岩土工程勘察综合确定 [EB/OL]. 岩土工程学习与探索，2018-07-14.

[104] 王长科. 超限高层建筑岩土工程勘察需要重视的几个问题 [EB/OL]. 岩土工程学习与探索，2018-07-15.

[105] 王长科. 重温我国《工程勘察设计行业发展"十三五"规划》[EB/OL]. 岩土工程学习与探索，2018-07-16.

[106] 王长科. 基坑外侧为有限空间土体情况的基坑土压力计算简洁法 [EB/OL]. 岩土工程学习与探索，2018-07-18.

[107] 王长科. 危险性较大基坑工程安全论证需要重视的几个问题 [EB/OL]. 岩土工程学习与探索，2018-07-20.

[108] 王长科. 既有建筑的地基承载力增长猜想和计算建议 [EB/OL]. 岩土工程学习与探索，2018-07-23.

[109] 王长科. 岩土波速一定要测准 [EB/OL]. 岩土工程学习与探索，2018-07-26.

[110] 王长科. 赵州桥的工程分析和启示 [EB/OL]. 岩土工程学习与探索，2018-08-08.

[111] 王长科. 地基土水平反力系数的比例系数 m 值的室内固结试验测定法 [EB/OL]. 岩土工程学习与探索，2018-08-08.

[112] 王长科. 从名词术语看岩土地震工程的研究内容 [EB/OL]. 岩土工程学习与探索，2018-08-22.

[113] 王长科. "嵌固深度"中"嵌"字的读音 [EB/OL]. 岩土工程学习与探索，2018-08-23.

[114] 王长科. 基坑支护设计稳定计算新思维 [EB/OL]. 岩土工程学习与探索，2018-08-24.

[115] 王长科. 桩侧阻力不宜选用特征值 [EB/OL]. 岩土工程学习与探索，2018-09-06.

[116] 王长科. 关于岩土工程和岩土环境工程 [EB/OL]. 岩土工程学习与探索，2018-09-07.

[117] 王长科. 复合地基载荷沉降曲线的推演 [EB/OL]. 岩土工程学习与探索，2018-09-10.

[118] 王长科. 复合地基褥垫层铺设厚度的设计计算 [EB/OL]. 岩土工程学习与探索，2018-09-11.

[119] 王长科. 浅谈雄安新区规划建设 [EB/OL]. 岩土工程学习与探索，2018-09-12.

[120] 王长科. 桩竖向静载荷沉降曲线的推演 [EB/OL]. 岩土工程学习与探索，2018-09-19.

[121] 王长科. 邯郸弘济桥的工程简析及其与赵州桥的对比 [EB/OL]. 岩土工程学习与探索，2018-09-23.

[122] 王长科. 中秋月圆话说中国传统文化 [EB/OL]. 岩土工程学习与探索，2018-09-24.

[123] 王长科. 浅议基质吸力 [EB/OL]. 岩土工程学习与探索，2018-10-01.

[124] 王长科. m 值的经验值选用 [EB/OL]. 岩土工程学习与探索，2018-10-05.

[125] 王长科. 地基承载力特征值的综合确定 [EB/OL]. 岩土工程学习与探索，2018-10-06.

[126] 王长科. Mindlin 解答及其在岩土工程中的应用问题 [EB/OL]. 岩土工程学习与探索，

2018-10-28.

[127] 王长科. 做好岩土工程需德位相配 [EB/OL]. 岩土工程学习与探索，2018-10-05.

[128] 王长科. 非饱和土的三轴剪切试验问题 [EB/OL]. 岩土工程学习与探索，2018-11-06.

[129] 王长科. 谈勘察结论与建议的编写 [EB/OL]. 岩土工程学习与探索，2018-11-24.

[130] 王长科. 关于岩土参数抽样统计的代表性 [EB/OL]. 岩土工程学习与探索，2018-12-05.

[131] 王长科. 支护桩（墙）弹性法挠度曲线方程的通用表达式 [EB/OL]. 岩土工程学习与探索，2018-12-08.

[132] 王长科. 应力路径法三轴试验 [EB/OL]. 岩土工程学习与探索，2018-12-08.

[133] 王长科. 岩土参数标准值的本质 [EB/OL]. 岩土工程学习与探索，2019-01-01.

[134] 王长科. 地基承载力经验表使用中的两个问题 [EB/OL]. 岩土工程学习与探索，2019-01-06.

[135] 王长科. 复合土钉墙中土钉和锚杆的共同作用及其简易设计 [EB/OL]. 岩土工程学习与探索，2019-10-04.

[136] 王长科. 关于地下水位抗浮设防中的几个岩土问题 [EB/OL]. 岩土工程学习与探索，2019-10-12.

[137] 王长科. 孔隙比的几个概念应予以重视 [EB/OL]. 岩土工程学习与探索，2019-10-15.

[138] 王长科. 自然界边坡失稳的三维合理性分析和设计建议 [EB/OL]. 岩土工程学习与探索，2019-10-24.

[139] 王长科. 湿陷系数随压力而变的思考和建议 [EB/OL]. 岩土工程学习与探索，2019-10-31.

[140] 王长科. 符合规范的危险工程 [EB/OL]. 岩土工程学习与探索，2019-11-04.

[141] 王长科. 岩土环境工程概念辨析 [EB/OL]. 岩土工程学习与探索，2019-11-07.

[142] 王长科. 浅议岩土参数和岩土性质 [EB/OL]. 岩土工程学习与探索，2019-11-08.

[143] 王长科. 土的小应变特性应给予重视 [EB/OL]. 岩土工程学习与探索，2019-11-26.

[144] 王长科. 话说岩土工程 [EB/OL]. 岩土工程学习与探索，2020-01-28.

[145] 王长科. 地下空间工程中的岩土问题 [EB/OL]. 岩土工程学习与探索，2020-02-05.

[146] 王长科. 岩土分析中的平面应力和平面应变辨析 [EB/OL]. 岩土工程学习与探索，2020-02-07.

[147] 王长科. 复合地基桩身强度和褥垫层材料强度的思考与建议 [EB/OL]. 岩土工程学习与探索，2020-03-04.

[148] 王长科. 岩土工程勘察报告使用须知 [EB/OL]. 岩土工程学习与探索，2020-04-06.

[149] 王长科. 地基承载力的设防 [EB/OL]. 岩土工程学习与探索，2020-08-14.

[150] 王长科. 岩土参数的六个值 [EB/OL]. 岩土工程学习与探索，2020-08-16.

[151] 王长科. 多种水平饱和土层总体水平渗透系数的计算 [EB/OL]. 岩土工程学习与探索，2020-08-23.

[152] 王长科. 多层水平饱和土层总体垂直渗透系数的计算 [EB/OL]. 岩土工程学习与探索，2020-08-23.

[153] 王长科. 岩土参数的加权统计 [EB/OL]. 岩土工程学习与探索，2020-08-24.

[154] 王长科. 工程选址、设防与建造智慧探讨 [EB/OL]. 岩土工程学习与探索，2020-09-01.

[155] 王长科. 岩土工程设防 [EB/OL]. 岩土工程学习与探索，2020-09-10.

[156] 王长科. 软弱下卧层强度验算的内涵 [EB/OL]. 岩土工程学习与探索，2020-10-08.

[157] 王长科. 老子道德经的时代价值 [EB/OL]. 岩土工程学习与探索，2020-10-21.

[158] 王长科. 岩土工程师应重视传统文化学习 [EB/OL]. 岩土工程学习与探索，2020-10-24.

[159] 王长科. 地下室抗浮设防的实质和构造建议 [EB/OL]. 岩土工程学习与探索，2020-10-25.

[160] 王长科. 地下水抗浮设防水位的确定 [EB/OL]. 岩土工程学习与探索，2021-01-13.